生活因阅读而精彩

生活因阅读而精彩

靠谱！

说有谱的话，做靠谱的事

戈阳●编著

中国華僑出版社

图书在版编目(CIP)数据

靠谱:说有谱的话,做靠谱的事 / 戈阳编著. —北京:
中国华侨出版社,2013.3

ISBN 978-7-5113-3381-0

Ⅰ. ①靠… Ⅱ. ①戈… Ⅲ. ①成功心理-通俗读物
Ⅳ. ①B848.4-49

中国版本图书馆 CIP 数据核字(2013)第051025 号

靠谱:说有谱的话, 做靠谱的事

编　　著 / 戈　阳
责任编辑 / 严晓慧
责任校对 / 李向荣
经　　销 / 新华书店
开　　本 / 787×1092 毫米　1/16 开　印张/18　字数/260 千字
印　　刷 / 北京溢漾印刷有限公司
版　　次 / 2013 年 5 月第 1 版　2013 年 5 月第 1 次印刷
书　　号 / ISBN 978-7-5113-3381-0
定　　价 / 32.00 元

中国华侨出版社　北京市朝阳区静安里 26 号通成达大厦 3 层　邮编:100028
法律顾问:陈鹰律师事务所
编辑部:(010)64443056　　64443979
发行部:(010)64443051　　传真:(010)64439708
网址:www.oveaschin.com
E-mail:oveaschin@sina.com

前言

QIANYAN

很多年轻人认为，成功要靠家庭背景，要靠大学文凭，要靠投机取巧，其实这些只是不成功的你脑海里错误的印象罢了。真正的成功是靠自己的努力，如果你是烂泥，家庭背景再好也扶不上墙；如果你懒惰，想必也考不上理想的大学，如果你目光短浅，投机取巧也无从下手。因此，真正的成功是靠自己，靠自己的一言一行积累出来的。

一段时间内，微博纷纷热传一种带“靠谱”字样的图片，“靠谱体”就这样横空出世了。微博中“靠谱体”走红，生活中，你靠谱吗？如果靠谱，你的“靠谱度”有多高呢？

日常生活中，你肯定遇见过说话没谱的人在唧唧喳喳，遇见过做事不靠谱的人在吹牛。其实很多时候，我们也会成为别人眼中说话没谱、做事不靠谱的人。人总会犯错，情绪、环境、心境、遭遇等一系列因素都会影响你在别人脑海里的印象。因此，我们不能保证我们不犯错误，但是我们应该保证用正确的说话方式和做事方法引导我们少犯错误。

在本书作者与读者交流时，很多读者都会提问：“我怎样才知道我在说什么话，做什么事时，别人会觉得我不靠谱？”人们总是愿意去发现自己的不足，但是真正能改掉不足的人又有多少？有些人一转身就忘了自己的不足，有些人坚持了一段时间就放弃了改正？

犯错容易，改错难。人是感情动物，有感情就会犯错，所以，重要的不是去逼着自己改正错误，而应该去用正确的说话方式和正确的做事方法去影响自己，只有拥有了正确的说话方式和做事方法，才能知道自己之前为什么而错，错在哪里，这样才能真正弥补自己的不足，成为一个靠谱的人。

本书作者历时7个月，将自己的培训笔记整理成书，在书中告诉大家如何做一个说话有谱，做事靠谱的人。在翻开本书之前，请先给自己一个自我测试，你是否犯过错？是否让别人失望过？是否有过让对方莫名其妙的失落、愤怒、伤心？是否失约过？是否让同事冷淡过？是否眼巴巴地看着别人涨工资，自己却无可奈何？

如果有其中任意一条，请翻开本书，在读者的字里行间锻炼自己的说话水平和做事能力，让自己在短时间内拥有出众说话水平和做事能力，让人生之路一路畅通，这正是本书要告诉你的。

目录

MULU

上篇 说有谱的话

说话是最平凡的嘴部动作，却包含着最深奥的沟通哲理。会说话的人会让人心情愉快、观点赞同，不会说话的人会让人反感，不相信。语言的表达方式纵然有多种多样，把话说得让人舒心却只有一种方式，就是让对方认同你。只有对方认同了你，对你产生好感、肯定你，你才能把话说到对方的心里去，把话说你让对方舒心。

第一章　言简意赅，把话说得通俗易懂 ······ 2

技巧1　简洁明快的语言最受听众欢迎 ······ 2

技巧2　简练口才，不做絮絮叨叨的“唐僧” ······ 5

技巧3　制造出言简意赅的效果，让自己拥有话语权 ······ 7

技巧4　3 招教你掌握简洁的语言艺术 ······ 10

技巧5　4 招教你清醒理智地看待问题 ······ 12

技巧6　一语勾心，一句话就能征服对方 ······ 15

技巧7　变换一种策略，让简单的话“活”起来 ······ 17

技巧8　陌生人见面，三言两语成为朋友 ······ 20

技巧9　不要和孩子唠叨，有问题及时沟通 ······ 23

第二章　言辞幽默，把话说得有声有色 …………………… 27

技巧1　用幽默打开对方紧闭的心门 …………………… 27

技巧2　用观察力和想象力培养幽默感 …………………… 30

技巧3　幽默时勿以他人的缺陷做笑点 …………………… 32

技巧4　幽默就是力量，一言九鼎威力大 …………………… 34

技巧5　层出不穷的幽默也能阻断沟通 …………………… 36

技巧6　异性间的幽默勿涉及敏感问题 …………………… 38

技巧7　幽默的目的是让交谈变轻松 …………………… 40

技巧8　巧用幽默，切忌让听者对号入座 …………………… 42

技巧9　幽默的拒绝比直接拒绝更有效 …………………… 44

第三章　温暖和善，把话说得有情有义 …………………… 47

技巧1　多说“我们”，少分“你”和“我” …………………… 47

技巧2　见面切忌太冷场，恰当寒暄拉近距离 …………………… 50

技巧3　亲切称呼他人，给人留下好印象 …………………… 52

技巧4　情真意切的语言才能打动人 …………………… 55

技巧5　照顾对方的感受，不要自顾自地说 …………………… 57

技巧6　优美的语言让人听起来更温暖 …………………… 60

技巧7　拒绝时的语态也要亲和有力 …………………… 63

技巧8　入情入理的话让交流变交心 …………………… 66

第四章　从容应变，把话说得恰到好处 …………………… 68

技巧1　进退两难时，能含糊其辞应对 …………………… 68

技巧2　勿较真，求同存异万物生 …………………… 70

技巧3　能说会道，巧言舌辩打圆场 …………………… 72

技巧4 借对方的口说出自己想说的话 …… 73
技巧5 巧妙化解，让不如意之事变如意 …… 76
技巧6 随机应变，巧言妙语化解尴尬 …… 78
技巧7 巧妙避开不方便回应的问题 …… 80
技巧8 遭遇冷场时，把话题引向另一个新话题 …… 83

第五章 稳重实在，把话说得真实可信 …… 86
技巧1 树立沉稳的形象，让人看着舒心 …… 86
技巧2 如何让自己的内心沉着冷静 …… 88
技巧3 如何让自己的话更有说服力 …… 91
技巧4 用事例巩固自己的话，让对方放心 …… 93
技巧5 注意说话时机，不该开口时请闭嘴 …… 95
技巧6 稳重的说话方式让言辞更圆满 …… 98
技巧7 说话时不要涉及对方的隐私 …… 100
技巧8 忌夸夸其谈，谦逊的语言更受欢迎 …… 102

第六章 赞美如春，把话说得心花怒放 …… 106
技巧1 不说外行话，做一个内行赞美家 …… 106
技巧2 赞美用巧语，诚心诚意是根基 …… 108
技巧3 一句话就中标，夸就夸到点子上 …… 110
技巧4 赞美别人时越细致越讨人心 …… 113
技巧5 赞美之词有新意，跟风重复不可取 …… 115
技巧6 恰如其分的赞美最受人欢迎 …… 118
技巧7 赞美更能增加夫妻之间的幸福 …… 121
技巧8 赞美是维护人际关系的最好方法 …… 123

第七章　倾听是金，把话说得入耳入心 …………………………… **126**

技巧 1　不要剥夺别人说话的权利 ………………………………… 126

技巧 2　倾听对方的抱怨，不妄加评论 …………………………… 128

技巧 3　静静聆听是对他人最好的尊重 …………………………… 131

技巧 4　对方表达有误时，先保持沉默 …………………………… 133

技巧 5　切忌强行打断对方的话 ………………………………… 134

技巧 6　雄辩之中有技术，倾听之中有艺术 ……………………… 136

技巧 7　善于倾听的领导是负责任的领导 ………………………… 138

技巧 8　熟悉倾听艺术中的 3 个层次 …………………………… 140

下篇
做靠谱的事

你做事会让周围人放心吗？周围人会因为你的做事效果称赞你吗？事有大小，任何的大事都是每一件小事积累而来。做事时，要从小事出发，做好每一件小事，得到每一次小小的称赞，这样日积月累起来，必然能做成大事。在还没有经历小事的磨炼时，记住，千万别贪心，别因为冲动夸下海后或者豪言壮语，待真正遇到大事时却手足无措，最后一事无成。

第八章　沉得住气，把事办得功到自成 …………………………… **144**

修炼 1　耐得住寂寞才有机会一飞冲天 …………………………… 144

修炼 2　忍辱负重，最后一刻再爆发 ……………………………… 147

修炼 3　“熬”一旦爆发，必定石破天惊 ………………………… 149

修炼 4　十年磨一剑，用忍耐力寿造成功 ………………………… 151

修炼5 静待时机，挨过机会来临前的黑暗 …………………… 153
修炼6 在黑暗中欢笑，探寻心中的光明 …………………… 155
修炼7 坚持就有希望，你只差临门一脚 …………………… 157
修炼8 行百里者半九十，最后一步要坚持 ………………… 159

第九章 责任担当，把事办得成熟可靠 ……………………… 163
修炼1 盛气凌人是大忌，成熟稳重最可靠 ………………… 163
修炼2 临危不乱决策，稳健持重受敬重 …………………… 165
修炼3 少说空话多做事，自然会出好成绩 ………………… 167
修炼4 敢于担当是一种勇气，更是一份责任 ……………… 170
修炼5 有责任才能成功，一分耕耘一分收获 ……………… 173
修炼6 成熟稳重之人工作会尽职尽责 ……………………… 175
修炼7 成熟稳重之人工作要善始善终 ……………………… 178
修炼8 犯错后主动承担，有责任心才稳重 ………………… 181

第十章 不露锋芒，把事办得低调稳健 ……………………… 185
修炼1 低调行事，小心被得意冲昏了头 …………………… 185
修炼2 收敛锋芒，谦虚待人好处多 ………………………… 187
修炼3 谦恭的境界：建立自我，追求无我 ………………… 189
修炼4 狂妄自大只会让自己失去尊重 ……………………… 190
修炼5 多个朋友多条路，少结冤家少堵墙 ………………… 192
修炼6 宽容是争执与误会的催化剂 ………………………… 195
修炼7 学会忍让，相逢一笑泯恩仇 ………………………… 197
修炼8 做人礼让三分，做事路留一步 ……………………… 199
修炼9 拥有空杯心态，人生永远是新开始 ………………… 201

第十一章　谨慎冷静，把事办得圆满周全 …………………… 204

修炼1　冷静处理事情方能转危为安 …………………… 204
修炼2　盛怒之下，守住一颗宁静之心 …………………… 206
修炼3　别为小事起摩擦，小摩小擦易“爆炸” …………… 208
修炼4　理清思路静下心，不慌不乱职场人 ……………… 209
修炼5　心中要有一双明辨的眼睛 …………………… 212
修炼6　控制自我情绪，福祸因自己而来 ……………… 215
修炼7　长留静气于心底，宠辱不惊自然人 ……………… 218
修炼8　优柔寡断会让你做出后悔事 …………………… 220
修炼9　考虑周全才能作出正确的选择 ………………… 222

第十二章　细节制胜，把事办得滴水不漏 …………………… 224

修炼1　事分轻重缓急，做事请排顺序 ………………… 224
修炼2　有张有弛，让生活从单色变成彩色 ……………… 226
修炼3　从小事开始，做好每一件身边事 ……………… 229
修炼4　细节决定成败，小事决定大事 ………………… 231
修炼5　世事无小事，简单不等于容易 ………………… 233
修炼6　做事专心致志，分散精力事无所成 ……………… 235
修炼7　所有的意外都是由疏忽细节引起的 ……………… 237
修炼8　数个“差不多”加在一起就是“差很多” ………… 239

第十三章　灵活变通，把事办得圆满成功 …………………… 242

修炼1　找到好方法，比一味苦干更重要 ……………… 242
修炼2　没有做不成的事，只有不想办法的人 …………… 244
修炼3　该放手时需放手，重新定位重开始 ……………… 246

修炼4 有主见，自己的灵魂自己做主 …………………… 249
修炼5 不要戴有色眼镜，勿自设障碍 …………………… 252
修炼6 对危险和麻烦要有灵敏的嗅觉 …………………… 254
修炼7 看问题要全面，想办法要周全 …………………… 255
修炼8 为他人考虑问题，较真不如双赢 ………………… 257
修炼9 走捷径不是偷懒，认死理不叫坚定 ……………… 259

第十四章 谨守底线，把事办得合乎规矩 …………………… 262

修炼1 按规矩办事，经得住风雨考验 …………………… 262
修炼2 想走远路，不能为小诱惑失足 …………………… 264
修炼3 忠诚是信任的底线 ………………………………… 266
修炼4 真诚待人，不做虚伪的背后小人 ………………… 268
修炼5 不要不该要的，不干不该干的 …………………… 271

上篇

说有谱的话

说话是最平凡的嘴部动作，却包含着最深奥的沟通哲理。会说话的人会让人心情愉快、观点赞同，不会说话的人会让人反感，不相信。语言的表达方式纵然有多种多样，把话说得让人舒心却只有一种方式，就是让对方认同你。只有对方认同了你，对你产生好感、肯定你，你才能把话说到对方的心里去，把话说得让对方舒心。

第一章　言简意赅，把话说得通俗易懂

少即是多，短即是美。相比较一个絮絮叨叨的人，言简意赅往往能让他人觉得更有说服力，这就是简洁的魅力。把话说得言简意赅，让对方听得懂，听起来不费力气，这是说话的最基本原则。

技巧 1　简洁明快的语言最受听众欢迎

简洁明快的语言会让人产生生机勃勃、干净利落的感觉，一个说话简洁明快的人当然也会是个做事干净利落的人。

简洁的语言是最经济、最实用的手段，简洁明快的语言能输出大量的信息，简洁的语言能带给人一种生气勃勃的感觉，特别是在正式场合，简洁明快的话语最受人欢迎。所以我们需要努力培养自己简单精练的语言风格。

说话时运用过于烦琐的语言，会让人觉得很反感，即使很华丽、很优美，可是过多的话，通常会适得其反。我们不管做什么都要掌握好一个度。很多人以为好口才就是口若悬河、夸夸其谈，事实上，这是一种误解。很多时候，你在一开始的时候口若悬河，可能很多人都会关注你，可以引起别人的注意，长时间下去，若你还是这样喋喋不休，那你将会迎来别人的反感。

特定场合下也许用得上这种方式，但在更多的时候，这并不能表示我们很有口才，相反，却会证明我们说话缺乏诚意、不负责任，甚至还会让人觉得你庸俗。这种说话方式很容易让人以为是夸大其词，让人对你产生不好的印象。

在学校里开晨会的时候，每当陈校长站在台上发言，下面总会传来一阵欷歔声，原来陈校长是一个中文教授，多年的教育习惯让他变得喋喋不休，虽然每次发言都很精彩，语言也很华丽，在一开始的时候大家都会很认真地听校长的发言，10分钟过去了，陈校长还没有讲完，又10分钟过去了，陈校长还站在上面，当陈校长终于说出“我的讲话完了，谢谢大家”时，站在队伍里的同学们终于松了口气。下一次晨会，陈校长又上了台，同学们立刻就没有了精神，陈校长说：“下面我来说两个问题，第一个问题，如何做好学生的管理工作，第一点……”同学们以为两个问题很简短，可是谁知道两个问题，其中的一个就包括许多个小点。陈校长的话说完，20分钟又过去了。本来简短的话语，可是他加上了华丽的词汇，3个字变成了10个字，一段话就多出了很多字，原本耐心听话的人，也会变得没有耐心。

我们在讨厌别人喋喋不休的时候，也要想想自己有没有这样的情况出现。一句话能说明的事情，不要用两句话来说，这是我们要牢记在心的。

谈话抓不住重点、絮絮叨叨、不着边际，说来说去使人无法把握谈话的要点，这种人常会遭到别人的反感。

小洪是一家报社的记者，一次，他托一位同事代买圆珠笔，并再三叮嘱他：“不要黑色的，记住，我不喜欢黑色，暗暗沉沉，叫人一看心情就很低落，千万不要忘记呀，12支，全部不要黑色。”

第二天，同事把那一盒笔交给他时，他差点昏过去：12支，全是黑色的。

小洪埋怨同事，同事却振振有词地反驳："你一再强调黑色的，黑色的，忙了一天，昏沉沉地走进商场时，脑子里印象最深的两个词是：12支，黑色，于是就一心一意地只找黑色的买了。"

其实，小洪只要简单地说"请为我买12支蓝色的笔"，相信同事就不会买错了。

在公众场合，我们最厌恶的就是那些说话半天说不到重点上的人，说了半天，还是不着边际，完全弄不清楚他想表达的意思。这种说话不直接而喜欢绕圈子的人，虽然在业务上会下苦工夫，可是往往很难成大事。

在社交场合，简洁的语言通常要比冗长的话题更吸引人，它可以体现出一个人分析问题的能力，它能使听话的人在很短的时间内明白大量的信息，也有助于赢得对方的好感。现代社会本就是个节奏快、时间观念强的时代，文山会海，已被称为社会的公害，所以简洁的语言恰恰可以减少这些社会公害，也被大家推崇。时间观念强、说话简洁的人，会给大家留下好印象。

在这个高速发展的以现代化、信息化为主的社会，时间对于每个人来说都很重要，简洁的话一定很受大家的欢迎，谁也不喜欢听那些烦琐的修辞，口头语的最大特点就是简洁明快，它区别于书面语就是在此，可以省去大段的修辞描写，于是口头语也就更容易受人喜欢。

不管在什么场合，简洁的话总是很受人喜欢，试想一个领导在下达命令的时候语言烦琐，就有可能让下属觉得找不到重点，就像我们读一篇很长的课文，你想要找到它的中心思想，一定要花很长一段时间，所以简洁的话对于我们的生活是很方便的，学会运用简洁明快的话来进行沟通，效果一定会很好。

技巧2 简练口才，不做絮絮叨叨的“唐僧”

说话啰唆的人有两种情况，一种确实是表达不清楚，另一种是为了突出表现自己。无论出自何因，啰唆的说话方法都不可取，它会让你“言多必失”。

看过周星驰版《大话西游》的人对唐僧的形象肯定记忆犹新，唐僧在与孙悟空沟通的时候不停地絮叨，猴急的悟空自然是一棒子将其打倒，唐僧注定交谈失败；在唐僧与观音沟通的时候，就连一向慈悲的观音也不得不出手将其制止，这使他又一次遭遇失败的交谈；后来唐僧被抓到了妖怪那里，他的唠叨让小妖极度崩溃，自杀了，唐僧虽然得救，但他的絮絮叨叨仍让人汗颜。

现实中也常常有这样絮叨的人，或者只是想凸显自己，在社交场合总是不停地演说、唠叨、乱侃，如果让这样的人去跟客户沟通、谈生意，那么注定会将客户说得不胜其烦，再也不愿意与其相见。

在人际交往中，虽然不鼓励絮絮叨叨，但也不希望因性格局限而一言不发，最好能够三言两语便表达思想、解决问题的人。在平时的生活中，我们可以通过锻炼拥有他人无法具备的口才。

一、丰富人生经历让你能更加精准地表达意见

为了让自己说出来的话更加精准，需要历练自己的人生，读万卷书，行万里路，见多自然识广，通过这种方式，能让自己在观察事物的现象时一眼看到本质，从而具备掷地有声、语含深意的基础。相比较一个二十出头的人和一个年近半百的人，他们的人生阅历往往有着很大的区别，这也决定了他们对事物的不同看法。往往有着丰富人生阅历的人能够很明确地指出问题所在，从而在表达的时候更一针见血。

二、尝试提问能够让你逐渐把握说话的要点

很多人喜欢与自己沟通，遇到一些疑难问题，往往会在内心深处打上千百个问号，问自己原因，并且通过网络或者书籍寻找答案。这种方法虽然能够让人增加知识量，但在表达的时候往往会有局限。长期以来的不表达会造成语言障碍，不知道如何表达。因此，要想把握说话的要点，首先要训练的就是提问的能力。通过提问，你能够更加明确地表达自己的中心意思，直接了解问题的关键，起到聚焦话题的作用。在提问的过程中，一定要先仔细地听别人对事物的描述、对观点的表达，然后找准关键点，直击靶心。

三、自我鼓励能够让你有信心练好口才

很多人往往很不自信，遇到一丁点儿问题就会脸红，尤其在说话的时候害怕说错话，让自己和大家尴尬。但口才是练出来的，谁也不是天生就能说会道。要想训练口才、改变自己，就需要经常地自我鼓励。每天对自己强调自己的目的、改变自己，告诉自己一定会成功。每天用几分钟的时间想想自己在公众场合演讲，想象自己得到满堂喝彩，当然你不需要一定要找人多的地方，找个没人的地方演讲效果依然很好。每天鼓励自己积极乐观面对、放声大笑。经过一段时间的锻炼，自我的信心就会得到很大的提升，也不会像最初那样怯场了。

四、总结经验能够让你不说废话

说出去的话就相当于泼出去的水，是收不回来的，但是，为了避免同样的错误发生，就需要不断地总结经验。很多人，特别是内向的人开口说话了，却在说完之后便开始纠结，总觉得有些话是不应该说的或者说得不对。如果有这样的认识，说明你懂得自我总结，你需要做的就是将已经说过的话记录下来，然后分析哪些话是多余的、哪些话是错误的、不该说的，然后让这些话再也说不出口。在这样一个总结的过程中有助于提升自己，有助于话语的精准和凝练。

技巧 3 制造出言简意赅的效果，让自己拥有话语权

无论是国外的领导者还是中国的领导者，他们在进行首次演说的时候，往往不是长篇大论地宣读，更多的是简短的表态，这便是他们的魅力所在——简单有力。

不想做将军的士兵不是好士兵，虽然并不是每个人都有成为领导者的雄心，但是以领导者的素质来要求自我是培训自我最好的方式。要想制造出言简意赅的效果，最需要培训和学习的，则是优秀领导在发号施令时候的那种删繁就简的魄力。

我们看一下美国的林肯总统在盖茨堡的演讲稿：1987 年前，我们的先辈在这个大陆上建造了一个新的国度，信奉自由、遵循平等。现在我们卷入了一场巨大的内战，考验我们，以及任何拥有这种信念和原则的国家能否生存。今天，我们在内战上聚会，应该献出一部分战场给那些为了国家长存而丢失生命的人，让他们安息。但从另一个层面上讲，我们不能放弃这片土地，不能使之神圣，因为那些曾经在这里奋斗的、死去的和活着的勇士已经将这块土地神圣化了，远非我们的微薄力量能够再增减。虽然我们今天所说的话不会永存，也不会有特别的标注，但是那些勇士们在这里所做的事情将永存。对于我们活着的人来说，需要继续完成勇士们辉煌而未完成的事业。为此，我们应该更加坚定逝者们的信念，不让他们白白牺牲，要让名族在上帝的庇佑下获得新生，让这个属于人民、依靠人民的政府与世长存。

林肯总统的演讲词分为4个段落，一共226个字，虽然翻译过来可能没有那般简练，但我们可以看到，整个演讲稿中并没有任何的长篇讲道理，只是用过去的、现在的事实告诉大家一个真实的事件：让大家坚守信念、坚定奋斗目标。没有任何华丽的辞藻，没有任何的说教，但起到了比说教更有力的作用。

莎士比亚曾说过：“简洁的语言是智慧的灵魂，冗长的语言则是肤浅的藻饰。”在古代，中国也有文学家在简洁的语言上下过工夫。

宋代的欧阳修有一次和几个学生外出游玩，在路上正好看到一匹飞奔的马车将一条躺在路边的黄狗给轧死了，于是欧阳修便让学生们用词语将刚才的所见所闻说出来。

第一位学生首先用“劣马正飞奔，黄犬卧通途。马从犬身践，犬死在通衢”进行描述。另外一个学生用“有犬卧通衢，逸马踏而过之”描述，虽然第一个学生表述很明确，第二个表述得也相对简洁，但是欧阳修不是很满意，在思索片刻后用6个字将整个事件描述下来：“逸马毙犬于道。”

看到欧阳修用如此简洁明了的词将事件清晰地表述出来，欧阳修的学生们对此赞叹不已，这也成为中国文坛上的一段佳话。

其实，作为一个学者，能够做到将事件不啰唆地表现出来是一门高深的学问。我们在说话的时候，将这门学问引入进来更是不简单。这是一种艺术，需要从日常的生活中下工夫。

1.先从笔述开始，删除多余词句

要想具备领导者那种用简单的几句话就将复杂的事情说清楚的本领，要从文字本身下工夫。将看到的事情用一段文字表述出来，开始的时候，可能为了更加准确地描述事件，会加入一些形容词、关联词等并没有关系。等书写出来后将字放在桌面上细读，然后删除不必要的词。如果第一次描述是这样的：今天早上，我的同学小明在马路上捡到了一个钱包。那么在第一次的删减过程中，可以删除“我的同学”和“马”字，别人关心的是人物、事件，并不会过多地关心人物之间的关系，比较“马路”，“路”已经能够表明地点了，所以不必赘述。在进行了第一次的删除后，可以再进行一次删除，“今天”和“了一个”也可以删除，你要描述的就是小明在路上捡到钱包。当然，我们还可以通过阅读文言文来了解中国古代博大精深的文字，这样更有助于理解文字上的删繁就简，也可以通过修改他人文章的方式将一些多余的字眼删除，训练的时间久了，自然也就能够领悟其中的真谛。

2.摒弃主观用语，用事实阐述观点

很多人都很容易在交流的过程中先入为主地将自己的想法用一些观点性强的词语来说教，如，我觉得、这简直、真不该，等等类似的词语。这种词语本身只能代表你自己，根本无法做到公正可信。

3.理清逻辑顺序，拒绝乾坤大挪移

人们在认定一个人是否具有说服力的时候，往往会通过他说话的逻辑性来进行判断。很多人，尤其是一些外向的人为了更快更直接地说服别人，往往是正着说、反着说、不停地说，整个话语没有连贯性，也没有逻辑性，让人摸不着头脑。即便口才再好，也无法让人愿意再次与他交谈。当然，也不排除一些外向却逻辑性强的演说者。初学者要做的是在说话时先用一些时间来思考，能够更好地理清自己的逻辑，让表述的话语更加连贯，同时通过琢磨的过程将一些不必要的词语进行删除，这样一来，其表达出来的意思就显得更加清晰明确、更有道理，别人也愿意倾听。

技巧4 3招教你掌握简洁的语言艺术

通俗易懂、简单明了的句子，了解之后，就能牢牢记住，变成口号。话不在多，达意则灵，语言的精髓在精而不在多。

据史书上记载，子禽问自己的老师墨子：“老师，一个人说多了话有没有好处?”墨子回答说：“话说多了有什么好处呢?比如池塘里的青蛙整天整天地叫，弄得口干舌燥，却从来没有人注意它。但是雄鸡只在天亮时叫两三声，大家听到鸡啼，知道天就要亮了，于是都注意它，所以话要说在有用的地方。”墨子的意思就是说话要言简意赅，用最简洁的话语表达丰富的含义。

很多滔滔不绝的人往往啰唆的话说一大堆，而直接要表达的意思也没有表达清楚，让听者丈二和尚摸不着头脑。这样的交流显然毫无效果可言，即使有也可能是负面效果。

马登博士有两位说话截然不同的商界朋友。

一位朋友性格开朗、随性，说起话来也是滔滔不绝，但他讲话有一个毛病，就是没有主题，每每使人失去耐心，即便马登博士多次看手表，提示时间，他好像也视而不见，似乎没有完的时候。马登博士表示：“这样的人讨厌至极。”

另一个朋友则是一个有远大抱负的年轻人，他认为说话必须言简意赅，而不能有啰唆的习惯，因为他知道这种习惯对事业的发展有致命的影响。这位朋友事业有成、口碑极好，每次他给马登博士打电话时都没有多余的问候和致谢，而是三言两语，直奔主题，还没有等博士反应过来，他已经说“再见”了。

马登博士说：“和这样的人打交道真是一种享受。他不会烦你，更不会无端耗费你有限的时间和精力。我很敬佩他思维敏捷、善于决断以及高效率的工作。如果一个人很早就注意自己的不足并能加以改进，做事思想集中、说话言简意赅，就可以培养出很高的经营管理才能。在与一个人的交往中，肯定能够看出他是否具有雷厉风行的素质。”

像马登博士的第二位朋友这样的人在我们的生活中有很多，他们大多是一些喜欢思考和总结、性格也比较内向的人，他们不会像那些见风就是雨，说话滔滔不绝的人那样。

其实，那些话篓子似的人在表达自我的见解时，无端地增加了很多没用的话，其带给听者的肯定不是享受，而是折磨。一位企业高管讲过自己的一个会议经历：“那时，我主持一个会议，我发现，说着说着大家都有点儿走神。后来我才注意到，原来是我说话太啰唆、废话太多了，原本一句话能够说清楚的，我非得把它说成两句。其实，说话应该通俗易懂、简单明了，尤其是在会议上，因为从心理学的角度来说，开会的时间越长，重点反而越不突出，大家的积极性也越低，最后的效果也就不言自明了。”

我们应该注重说话时语句要通俗易懂、简单明了，让对方一听即能明白我们要表达的意思，这样的谈话才算是成功的交流。要练成通俗易懂、简单明了的说话功夫，可以从下面几点进行操作。

1.具备清晰的思维，说最该说的话

口若悬河者往往都会忘记自己之前说的话，当对方对自己产生不悦的表情时，往往还不知道事出何因？所以在同别人说话时，不要一股脑地把心中的话全部吐出来，应根据对方说话的内容说出相对应的话，说出该说的话。

2.多汲取别人的智慧，丰富自己的词汇库

福楼拜曾告诫人们：“任何事物都只有一个名词来称呼，只有一个动词标志它的动作，只有一个形容词来形容它。如果讲话者词汇贫乏，即使说话时搜肠刮肚，也绝不会有精彩的谈吐。”因此，丰富词汇库也是让自己的话语言简意赅的有效途径。要想让自己的话语真正做到言简意赅的效果，需要不断地扩充词汇量。

3.学会长话短说

短话长说，进入主题前铺垫太多，会让对方产生不耐烦，要真正地让自己的话说得简练，就必须让自己的语言简洁。要做到这一点，就要学会去繁就简、长话短说，用简单的词语和利落的句子让对方明白自己要表达的意思。

技巧5　4招教你清醒理智地看待问题

看待问题时，不要一开始就着急发表言论，应该认真弄清楚问题的本质，然后再摆正位置，拉近与他人的距离，这样才能让争辩成为和解。

在美国工业革命时期，大量的矿工忍受不了压榨，终于爆发了历时两年最激烈的罢工运动。愤怒的矿工们齐聚钢铁公司门口，要求提高工资。劳资双方一直争论不休，矿工们采取激烈的态度对钢铁公司进行破坏，公司便要求军队来进行镇压，但结果使得民怨更深，矿工们根本不屈服，还发生了流血事件。

公司里有一位不起眼的人，他一直以来都被认为是最安分守己的人，但正是这样一个人，却帮公司平息了这场干戈。他不动声色，花了好几个星期的时间了解罢工者的情况，并拜访了矿场的营地，私下和一些代表进行了交谈。在做足了准备工作后，便向罢工者代表们发表了简短的解说，阐明自己的立场，说自己既不是股东也不是劳工，但是作为一个负责人，既代表了资方，也代表了劳工，希望能够以朋友的身份跟大家共同探讨共同的利益。这是一次出色的演讲，也是化敌为友的最好表现。

在面对罢工或者其他争论的时候，站在公司立场的人往往容易激动，可能会与对方争论甚至辱骂对方，并且列举各种事例数落他人不是，但结果只能是带来更多的争论，让积怨更深，但是这位一直以来不怎么起眼的人却凭借短短的几句话解决了问题。

为了让你说的话能够解决问题，能够让别人有所期待，那么开始时一定不要反驳或者急于阐述，而是摆正立场，拉近与他人的距离，同时让你的话有深层次的含义。正如上面的安抚者一样，简短的一句“以朋友的身份探讨共同利益”，也就是说，为了达到共同的利益，我们是有商量余地的。这样一来，聪明的人都知道无须废话，“我”所要的就是保证自我利益。

如何才能够让人更清醒理智地看待问题，从而有足够的时间来组织语言，让说出来的话更有效，这也需要进行一系列的锻炼。

1.确立表达主题

讲话和写文章一样，要有主题，主题是否能够鲜明，这需要演说者能够更加准确地表述出其要表达的意思。古人说：“言为心声。”你心里所想的事情通过你语言的传达，能够将最真实的情感表达出来，不矫揉造作，即使是言语朴实、结构平淡，也可以动人心魄。

2.心平气和

冲动是魔鬼，人在冲动的时候容易说出一些让自己后悔的话，造成无法弥补的损失。为了拥有让人百听不厌的口才，一定要让自己的内心平静，可以通过暗示、转移注意力的方法来放松自我，鼓励自己克制情绪异常波动，如此，短时间跌宕起伏的情绪往往在几秒钟内就能够平静下来，所以，在这个以秒计时的瞬间，转移不良情绪、思考问题的关键点、分歧点，想出能够具有说服力的语言，解决冲突。

3.多听相声

相声是一门语言艺术，一些优秀的相声演员在说相声的时候经常会在相互对话之间埋包袱，一句话往往有多重意思，不仔细听根本无法察觉，到别人揭晓谜底的时候，观众就会捧腹大笑，这也正是相声的魅力所在。语言本来就是博大精深的，有时候一些词语通过包装再讲出来，就会引起他人的兴趣，也更加深远。学习如何包装一句话，在不脱离主题的情况下美轮美奂，在引发共鸣的前提下深入浅出。

4.不急于表态

很多人之所以吃亏，就在于没有管好自己的嘴巴，凡事都喜欢第一时间不假思索发言，这种人特别容易招人反感。人的思维和判断是需要时间来反映的，见事就说的人往往没有特别独到的见解，尤其是进行评论的时候。在谈话开始前一定要尽量保持中立、客观，以谦卑的态度跟人交谈，多说赞扬和鼓励的话，少指责和批评。

例如，当别人问你一个作品怎么样的时候，可以先思考一下，然后说：作品很精美，颜色也很协调，如果可以的话，在角落处添加一个标识可能会更好。用这种方式来代替直接表达出来的意见，先赞美，再提升，这样别人也更容易接受，也更愿意跟你交流。

技巧6　一语勾心，一句话就能征服对方

一句话就能征服对方，对其产生特别的好感，才能够迅速形成融洽、热烈的交谈局面，让双方谈得很投机、很倾心，从而顺利地达到沟通、交流的目的。

一语勾心是一个交际词语，它指的是与人交谈，一句话就抓住了对方的心，让对方愿意听、乐意说，或者一下子就征服对方，对其产生特别的好感。拥有这种本领的人办起事来一般都是比较顺利的，因为这样能够迅速形成融洽、热烈的交谈局面，让双方谈得很投机、很倾心，从而顺利地达到沟通、交流的目的。

一个人每天的生活大概有80%的事情就是同人沟通，所以一语勾心能够带给你方便、快捷和幸福。而要想做到一语勾心就需要一个人有着良好的综合素质和较高的洞察力，能够准确地洞悉出人际关系并随机应变。总之，说话是一门艺术而非一日之功，是需要人们长期地积累和锻炼的。以下几点可供大家参考。

1.对准对方选择话题

每个人都希望有人关心自己，如果你对准对方选择话题，对方就会备感兴趣。比如你与同事交谈，别过分以“我”为中心。话题跳不开一个“我”字，对方至多出于礼貌应付几句。如果你谈谈对方职称评定情况、孩子的升学情况、爱人下岗后就业情况，对方一定会有一肚子话被你勾起。再比如，你同恋人初约黄昏后，你就对方的工作、兴趣等展开话题，对方就会敞开心扉，打开话匣子，兴致勃勃地与你海聊神侃起来。

张小痴迷于写作，脑子总是处于“工作”状态，尽琢磨些写文章的事，一向显得很深沉。在一个会议上，某君与张小搭起话来：“你的口才棒极了，上次那个联欢会，你的唐诗朗诵有中央人民广播电台著名播音员方明朗诵的风采。我同你是老乡啊，我经常读你的文章哩，你堪称我们家乡的才子噢！”张小听了这样的话备受鼓舞，对此君感到特别亲切，两人虽是一面之交，但一下子就成了无所不谈的好朋友。

当你对准对方，选择对了话题的时候，你的交谈才能打动对方的心灵，并且为其所接受。为此，你要多了解对方，多读点心理学，做到一语中的。

2. 尽量表现你的真诚

真诚总是能够打动人心的，当你把自己的真心捧在手心，别人便会推心置腹地与你畅谈。比如与异性交谈，双方存在性别差异，矜持和自重之心很难让人尤其是女性对一个异性过多地敞开心扉。可是，谁也拒绝不了真诚之心。真诚代表着一颗冰清玉洁的纯净之心，让人禁不住心荡神驰。再比如，你与陌生人之间本是隔了一层的，你的真诚会让对方怦然心动。那种防备心理就会为之融化。

当你付出真诚之心时，别人是完全可以体会、感受得到的。人类就是具有这样的天赋。

3. 将“一语”设计为“凤头”

写文章有凤头、猪肚、豹尾之说，有一个好的开头，确实更加吸引人。说话也是如此，有一个漂亮的、独特的“开头”，才能把对方的心给“勾”住。你可以设置一个悬念，让你的话形成一种神秘性。

第二次世界大战时期，英国外汇枯竭，无力从美国购买物资。美国总统罗斯福起草了《租借法》，拟通过租借的方式给英国提供物资，但一些美国人只看到眼前利益，并不能理解《租借法》。为了说服他们，罗斯福说："假如我的邻居失火了，我有一截浇花园的水龙带，要是邻居拿去水龙带，就可以把水灭掉，就可以阻止火势蔓延到我家。这时候我总不能对他说：'朋友，这管子值 15 元，你得付钱。'这时候邻居刚好没有钱，我看就不能死要 15 元钱。"罗斯福用一个形象而贴切的比方，说服他的人民，再固执的人，也不会听不进去的。

4.使用一些具有"勾力"的语言

有"勾力"的话都是根据具体情境临时组织的，但确有一些语言本身就具有"勾力"。比如尊称（尊称人的职位、辈分等）、招呼语（你好、早上好）、欣赏赞美语（你真行、你真漂亮、做得好啊）、感谢语（谢谢你的帮助、您是我的老师）、惊叹语（哇，真想不到啊、竟是这样啊）。当然对象不同，就要有针对性地使用不同的"勾语"，如对恋爱着的人，赞美和肯定的话语更具有"勾力"；对上司，尊重的话语更具有"勾力"；对同事，工作和吉利的话语更具有"勾力"。

技巧 7　变换一种策略，让简单的话"活"起来

要想让自己的表述更有生命力、更加激起他人的兴趣，我们需要努力地训练自己的语言风格，在不同的场合、面对不同的人，要根据人物的性格以及场合运用不同的说话策略。

无论对于工作还是生活，我们都不喜欢枯燥乏味，在听故事的时候更是喜欢听一些有趣的、生动形象的故事，故事情节很重要，语言表述的多样性

也很重要。人是猎奇性动物，对于一些新鲜的、未知的事物更有兴趣。所以，我们在对训练口才来说就要把握大众的这一个心理，让自己的话语“活”起来。

想让自己的表述更加有生命力、更加激起他人的兴趣，需要努力训练自己的语言风格，在不同的场合、面对不同的人，根据人物性格以及场合运用不同的说话策略。

虽然并不是每个人都能够练就出众的口才，让自己的话能够起到出彩的效果，但是，为了增加与人之间的沟通，可以借助一些训练，让自己的话变得出彩，增加谈话的效果。

1.训练自己讲故事的本领

让自己的语言更加吸引人，从讲故事开始。每天，让自己在一个固定的时间段想一个有趣的故事，将遇到的有趣的人和事物通过先设置悬念的方式进行组织，然后讲出来，如果一次不成功，再进行尝试。也可以看纪录片里面的一些侦破故事，将他们的讲述技巧运用到自己的言语中来，经过一段时间的训练，一定能够让你的语言表达更引人注意。

2.将单向的自说自话变为双向的互动沟通

为了提升训练等级，在与人沟通时能够持续一些，可以将单向的自说自话转变为双向互动。找一个亲近的人进行练习，在交流的过程中增进互动、多提问题，也让别人多提问。吃完早饭或者午饭后，可以跟自己的父母或者同事进行交流，如果想要对饭菜进行评点，可以先问制作材料、制作过程，然后再探讨是否还能做成其他的菜式。通过这种日常的训练，就能增强内向者的口头表达能力，而不再是一个人自说自话。

3.变换表达形式，让话语听起来有吸引力

在跟人聊天的时候，可以用疑问句、反问句。如想告诉他人有特殊事情发生的时候，可以对他说：“你知道吗？今天发生了一件奇怪的事情。”还可以在表达的时候将事件倒叙性地讲出来，或者将正话反着说，等等。通过这种方式，往往可以引起别人的兴趣，也能让沟通持续下去。也可以用停顿的方式来营造特殊的效果，让人先有一个想象的空间，然后再揭晓谜底，这样是让自己的语言“活”起来的一种方式。

4.学会运用比喻，让话“舞动”起来

无论是写文章还是说话，一些形象生动的比喻往往能够让话语活起来，有时候还能将一些无法用简短语言表达出来的意思活灵活现地展现在他人眼前。比如，在形容别人家的孩子活泼、好动的时候，你用太多的语言进行形容，都不如用小鸟来比喻这个孩子，一方面指出了孩子那种自由自在、活泼好动的性格，另一方面也形容了孩子的那份天然、纯真。还有类似的，如形容雨下得很细，就可以说雨丝像线一样；想要表达火车的速度快，可以说像奔驰的骏马，等等，这些都能让你的话语不再死板，而是像飞舞的蝴蝶一样活跃起来。

5.适当地夸张能让你的话语更生动

我们虽然不主张在与人交流的时候过分夸张、口若悬河，但是为了让自己的言语更加生动，适当地引入夸张的词句是一种值得借鉴的技巧。中国古代著名诗人在表达忧愁的时候就有这样的诗句：白发三千丈，缘愁似个长。虽然有点儿夸张，却将愁思表现得淋漓尽致。类似的夸张形容还有很多，都成为脍炙人口的名句：飞流直下三千尺，疑是银河落九天。这些都是将适当的夸张引入言语的表达中，起到了让话语更生动的效果。在训练自己的口头表达能力的时候，也可以适当地引用。

当然，为了让自己的语言“活”起来，通过讲故事的方法进行锻炼、通过设置疑问句的变单向表述为双向沟通，这些都需要时间的积累，也需要有丰富的知识和生活中的积累，一步无法登上喜马拉雅山，所以，从现在开始，积累、训练，再积累、再训练，让水滴石穿，那便离成功不远了。

技巧8　陌生人见面，三言两语成为朋友

初次见面的最初4分钟，是第一印象形成的关键期。初次见面时，要给对方留下简单明了的感觉，不要啰里啰唆，让对方感觉你不稳重。

当你来到一个陌生的环境，与素不相识的人初次见面，必定会给对方留下某种印象。这就是我们通常所说的“第一印象”。第一印象所获得的主要是关于对方的表情、姿态、仪表、服饰、语言、眼神等方面的印象。它虽然零碎、肤浅，却非常重要。因为，在先入为主的心理影响下，第一印象往往能对人的认知产生关键作用。研究表明，初次见面的最初4分钟，是第一印象形成的关键期。

那么，怎样才能抓住最初的4分钟，给他人留下美好的第一印象呢？从根本上说，它离不开提高自己的文明程度和修养水平，离不开经常的心理锻炼。心理学家提出下面几条建议：

1.千万别表现出咄咄逼人的气势

和陌生人第一次见面的时候，一定要表现得谦和一点、低调一点。有一个叫李佳的年轻姑娘，她为了搞一个奥运会竞猜活动去一个企业联系赞助事宜，一进门就看到一个影视明星坐在那里。李佳跟主人没说几句话，这位明星就插嘴、大发议论，结果给李佳留下了很坏的印象。

2.尽早弄清名字

一般情况下，即将要会见什么人，你自己是比较清楚的。在这种情况下一定要准备好，别的可以不知道，但对方的名字一定要弄清楚。我们经常看

到电影或者电视里高级领导人面对一群士兵，居然能叫出其中几个人的名字。这样一来，他在士兵中的第一印象就一定是正面的。对我们一般人来讲也是如此，如果你见到一个人能叫出对方的名字，人家一定是非常高兴的。高兴的背后则是一种积极的良好印象，至少人家知道你的记忆力很好。

3.脸上常带微笑

很多人都知道，眼睛是心灵的窗户；微笑的核心是眼睛，真正的微笑会通过眼睛到达心灵。发自内心的微笑不但会给他人留下美好的印象，还会让自己显得风度翩翩、魅力十足。与之相反的是，还有这样一种人，他们不论何时见到谁，总是面沉似冰，好像对面之人欠他多少钱似的。要知道，人与人交往本是高兴的事情，谁也不愿意给自己找不痛快。如果你总是心绪不佳，那么你注定了不会给他人留下什么好印象。还有一点也要注意，对第一次见面的人，切不可动辄就哈哈大笑——笑过分了也不好。

4.请用眼神沟通

与陌生人第一次见面，特别是与异性第一次见面，千万不要老是盯着人家不放，否则人家很容易对你产生误解。不论是第一次见面，还是第二次、第三次见面，与他人面对面交谈，应该用眼神平视对方，也就是用眼神说话，这样你会给人家留下良好的印象。如果双方第一次见面，可是说话的时候一方的眼神朝向侧前方，一副不屑一顾的神态，他这样与人交谈，怎么能给对方留下好印象呢?

5.杜绝无用动作

当你与人见面时，一定要集中注意力，不要有什么小动作。如果你一边跟人说话，一边做着各种各样的小动作，诸如搔首弄姿、整理衣服，那说明你对人家缺少起码的尊重。如果你真的有什么急事，需要打电话或者发短信，你可以事先告诉对方，说一声“不好意思”，相信对方一定会理解这一点。

6.保持积极态度

你与人交谈时的态度是可以说明很多问题的。谈论“第一印象”的人都强调拥有正确态度有多重要，可是很少有人真正明白积极态度对一个人的第一印象意味着什么。即使在特殊的情况下，比如在大家心情焦急、紧张的时候，你的积极态度会给周围的人带来良好影响的，遇事冷静而不烦躁会使你得分不少。许多人都有过这样的经历，如果与你说话的人自始至终保持一种积极向上的态度，那么你对他便会好感大增，自己也会感觉信心百倍。

7.主动向对方打招呼

俗话说："一回生，二回熟。"对于陌生人来说，当你先开口向对方打招呼时，也就意味着你将其置于一个较高的位置。以谦恭热情的态度去对待对方，一定能叩开交际的大门。如果你能用自信诚实的目光正视对方的眼睛，会给对方留下深刻的印象。

8.报姓名时略加说明

记忆术中有一种被称作"记忆联合"的方法，这是一种把一件事与其他事连在一起的记忆方法，初次见面的人利用这种方法可以加深他人对你的印象。比如你姓张，便可说："我姓张，张飞的张，不是文章的章。"这样加以说明，对方会认可你的幽默风趣，也会更容易记住你。

9.注意自己的表情

人的心灵深处的想法都会形之于外，在表情上显露无遗。一般人在到达见面场所时，往往只注意"领带正不正"、"头发乱不乱"等着装打扮方面的问题，却忽略了"表情"的重要性。如果你想给他人留下一个美好的第一印象，那么在见面之前不妨照照镜子，审慎地检查一下自己的面部表情是否跟平时不一样，如果过于紧张的话，最好先冲着镜中的自己傻笑一番。

在这里需要提醒的是，万事万物贵在坚持，当你真正地坚持下去时，一定会发现意外的惊喜。要知道再好的方法用不上 3 天就抛弃了，你永远得不到轻松。坚持按这个方法去做，就像工作一样，业务熟练了自然得心应手。轻松谈话，会轻松地打动对方。

技巧9 不要和孩子唠叨，有问题及时沟通

孩子的心灵是纯洁的，因此再与孩子交流时，要沟通，而不是唠唠叨叨。唠叨会让孩子的心灵承受不住压力，导致心灵挤压力量爆发。

美国著名幽默作家马克·吐温有一次在教堂听牧师演讲。最初，他觉得牧师讲得很好，使他感动得准备捐款；过了10分钟，牧师还没有讲完，他有些不耐烦了，决定只捐一些零钱；又过了10分钟，牧师还没有讲完，于是他决定1分钱也不捐；等到牧师终于结束了冗长的演讲，开始募捐时，马克·吐温由于气愤，不仅未捐钱，还从盘子里偷了两元钱。

这就是所谓的“超限效应”，它是指由于刺激过多、过强和作用时间过久而引起心理极不耐烦或反抗的一种心理现象。其实这种“超限效应”在我们的家庭教育中也是时常发生，并且让孩子们烦不胜烦，那就是唠叨。

“路上小心！放学了就赶紧回家！别在路上乱吃东西，要不然会生病！”初二的林燕已经骑着车子快离开小区了，可是妈妈的叮嘱还在耳边回响。

林燕皱了皱眉头，回头说道：“妈，你别啰唆了，我已经知道了！”

晚上，林燕坐在书桌台前，妈妈又走了过来说：“燕子，今天的学习怎么样？中午的饭好吃吗？妈妈担心你没听懂老师讲的内容，想周末给你请个家教。对了，你的运动鞋是不是脏了啊？”

林燕听着妈妈的唠叨，趴在桌子上喊道：“妈，我求你了！你别每天都

这么唠叨行吗！”

妈妈愣了一下，有些生气地说：“你怎么这么和妈妈说话？妈妈不干涉你的生活，尽可能给你自由，可是为什么你一点儿话也不听？”

林燕捂住了耳朵，喊道：“这种自由我不要也罢！请你不要再问了，不要再唠叨了！”

唠叨仿佛是现代父母的专利，但同时也成了父母与孩子之间最大的沟通障碍。

曾经有一家教育机构对中学生进行过调查，主要调查他们对父母有哪些不满。结果，有50%的中学生将票投给了“父母的唠叨”。由此可见，父母的唠叨成了孩子自由的“最大杀手”。

现在很多父母一边说着给孩子自由，一边又在不断地唠叨，这样的行为只能让孩子感到：父母的话根本不算数！可是在父母的心里却有着这样的观点：我不阻拦你做什么、我不翻看你的日记，可是我适当询问、善意提醒的权利总有吧！于是，这份“适当”就飞速生长，成了没完没了、事无巨细、不分场合、不分时间的唠叨。

小明第一次参加夏令营的时候妈妈很担心，毕竟小明还小，不懂得照顾自己，于是叮嘱小明：“吃东西要注意卫生，太晚了别出去乱跑，别单独行动，遇到危险要冷静……”怕他记不住，小明的妈妈又重复了好几遍，小明一脸的不耐烦，说：“妈，我又不是小孩子了，知道怎么照顾自己。”

“你知道什么？听我的话准没错，真出了什么问题，后悔就晚了。”小明的妈妈生气地说。小明也气得嚷起来：“我不参加了，行了吧！”然后摔门而去，他去夏令营的兴奋心情已经被妈妈破坏掉了。

试着站在孩子的立场上想一下，你是希望要善解人意的父母，还是希望要唠叨不休的父母呢？如果你的父母这样没完没了地唠叨，同样的话重复上十几遍，你又是什么感受呢？当孩子觉得“好烦”、听不进去劝告时，你不妨冷静下来想想自己的说话方式是不是不太对，可以跟孩子好好地交流一下。

其实，“唠叨”是不懂得如何交流情感的表现，只有和孩子耐心地交流，才能让孩子深刻体会到父母的爱。有一位母亲很懂得照顾孩子的情绪，在孩子很小时就注意与他进行情感交流。每天在孩子上床睡觉前，她都关切地问一问：“今天开心吗？”孩子长大以后形成了跟父母沟通的好习惯，有什么不顺心的事情都主动跟父母说。有了这样良好的感情基础，孩子就会很容易接受父母的劝告和建议，父母也不必费心唠叨了。

唠叨只会让孩子心烦意乱，加重心理负担，让孩子对自己越来越缺乏信心，甚至产生强烈的逆反心理，久而久之，孩子甚至会染上一种可怕的习惯——只要父母不唠叨，自己的事情就做不好！唠叨，其实是一种对孩子的自由的变相囚禁。

所以，与孩子进行交流时，父母还是少些唠叨为妙，否则，一个拒绝接受、选择对抗的孩子就会站在你的面前。而想要彻底规避唠叨，父母不妨做到以下几点：

1.别太信口开河

父母之所以唠叨，很大程度上是因为不考虑目的，只是为了“说”而说。比如，规定孩子做好作业再开饭，但有的父母虽然把话讲出去了，可心里又怕孩子肚子饿，就没事找事地说：“你饿不饿”、“要不写完再吃？”等诸如此类自相矛盾的话。这些语言会让孩子感到这是父母“无聊”的表现，因此自然感到很受束缚。

2.叮嘱点到为止

孩子最怕的一种人就是《大话西游》里的唐僧。所以，父母在叮嘱孩子时应该做到点到为止，不必事无巨细，更不能没完没了，很多时候只要稍稍提醒一下，孩子就会明白了，讲得多了，反而会适得其反。

3.改变沟通的方式

在与孩子进行交流时，父母往往会表现得高高在上，总以“过来人”的角度告诉孩子应该做这、不应该做那。但在孩子看来，父母的话语都是无用的、空泛的大道理，甚至在很多时候同一件事情还要一遍一遍地说个没完，明显是不相信自己的能力，因此自然产生了排斥心理。

倘若出现这种情况，父母就应当改变沟通的方式，把“唠叨”变成互动式的交流。例如，要教孩子如何做饭，你不妨与孩子一同动手，而不是站在一旁“指点江山”。只有与孩子进行平等的交流，孩子才能听进去你的话，感受到自由就在身边。

第二章 言辞幽默，把话说得有声有色

幽默是最敏捷的沟通感情的方式，它能迅速地融洽气氛、摆脱尴尬。一个人的语言可以像优美的歌曲，也可以像伤人的利剑，幽默机智的话能使人产生喜悦满足之感，令人久久难忘。

技巧 1 用幽默打开对方紧闭的心门

我们一生中会遇到无数的人，多数都是从陌生人开始的，一回生，二回熟，只要我们找到和陌生人交流的正确方式，就能让他们和我们走到一起，实现心与心的交流。

每个人对陌生人都会有介怀心理，交流时，总是会自然产生一种隔膜，不会轻易让对方走进我们的心理。我们处于一个浮躁的社会之中，每天都会遇到很多无法预知的事情，这就需要我们摆正心态，多用幽默的话语融化对方的内心，只有这样，对方才会愿意和我们走。两个人能够在茫茫人海相遇，就是一种缘分，想要把人与人之间的缘分继续下去，就需要我们学会用幽默的话语打开对方的心门。

有一家公司举办了一次化妆品展销会，几名年轻的工作人员耐心地向顾客讲解着公司的产品，并且在介绍公司产品的制作工艺和使用方法时，还会不时地说出非常专业的术语。这些工作人员回答问题时，应变能力很强，而且非常有幽默感，正是这样的氛围感染了前来购买的顾客。

有顾客问工作人员："你们的产品真的像广告上面说得那么好吗?"

工作人员回答说："您试过之后，一定会感觉，我们的产品比广告上说得还要好!"

顾客继续追问："如果我用过之后，发现这件东西根本不怎么样，我感觉不好，你说应该怎么办?"

另外一名工作人员凑过来说："我相信您会喜欢上这种感觉的，请相信我您的感觉。"

工作人员风趣幽默地回答，感染了顾客，顾客在这种感染下，欣然购买了工作人员推荐的产品。

这样的案例还有很多，比如，有一位营销人员就在市场上推销灭蚊剂，营销人员滔滔不绝的话语吸引了很多顾客。有一名顾客看着营销人员，提出了一个尖锐的问题："你敢保证，你推销的这种灭蚊剂能够消灭掉所有蚊子吗?"

营销人员微笑着回答说："不能，你没打过药的地方，蚊子肯定活得好好的。"这句看似玩笑的话表达出了营销人员的幽默应变能力。营销人员说完话，没过多久，他要销售的几箱灭蚊剂就被一抢而空了。

语言是一门艺术，怎么样说话，怎么样说好话更是一门艺术。

1. 与人交流中，沟通显得尤为重要，沟通的时候，要保持微笑，想好了再说。沟通体现一个人通情达理，讲道理，试想，如果你身边有这样的一位朋友，你会不愿意和他交往吗?

2. 言辞幽默，这样别人才会觉得你更容易接近。幽默是一种高深的智慧，交流中穿插着幽默会让交流变得轻松，变得有趣，更会吸引对方对你的好感。

3. 我们常常信奉言多必失，进而选择少说话，这样的后果只会让别人认为你不好相处，进而对你避而远之，这样，你就成了真空体，失去了所有朋友。

生活中如此，职场中同样如此，很多人每天都要与新客户打交道，每一次沟通，都需要我们最大限度地展现出自己的亲和力，只有这样，我们才能打破“陌生”的防线，和对方熟络起来。

职场中的人际关系头绪纷杂，使得人们在工作中事事小心，身心疲惫。这时，在不影响工作的前提下，可以和老板、同事、下属幽默一下，活跃一下办公室的气氛。幽默的语言在工作中可以帮助缓解紧张情绪。用它来缓解工作压力，会比一些抽象的理论更奏效。

不管是新朋友还是老朋友，我们都要不断在彼此之间注入幽默的润滑剂。这样，才能彼此打开心灵的枷锁，加深彼此之间的认知和感情。幽默让自己在缓解了工作压力的同时，也帮助别人用更轻松的态度工作。

幽默的话语就可以走进人们的内心，可以让我们在面对陌生人时能放能收，展现出自己最从容的气度，才能让自己的亲和力变得更有气场。一回生，二回熟，人生需要不断突破，而幽默也需要我们从零做起，而就在此时，我们才会让我们的人脉关系网更大、更强。

技巧 2 用观察力和想象力培养幽默感

现代社会中竞争日趋激烈，我们需要不断强大自己，才不会被社会大潮吞没，要想成为弄潮儿，创新是关键的一步。

幽默是我们口才能力的一种展现，是我们自信、乐观、豁达、宽容等心理素质的外在表现。如果想要成为幽默大师，就要先丰富自己，让自己变得生动起来。

幽默需要培养，更需要我们自己去感悟。经历的事情多了，我们就会正视现实，笑看一切，面对任何困难，也能付之一笑，这些将会为我们的幽默增加一个重要的砝码。想要学会幽默，就要用心去寻找幽默。

乔治·桑塔亚那是美国的哲学家。四月的一天，他决定结束他在哈佛大学的任教生涯。

那一天，礼堂中的学生非常安静，乔治的课也讲得非常有激情，等到最后的时候，他看到窗外有一只知更鸟停在了树梢上，开心地欢叫着。

乔治呆呆地看着窗外，过了好一会儿，才转过脸来，学生们问："乔治，你是不是有心事?"

乔治对学生们说："同学们，我没有心事，但是我要离开你们了，因为我与春天有个约会，你们要祝福我和春天的约会成功。"

同学们都羡慕的看着乔治，接着爆发出祝福的掌声。

乔治的结束语虽然简单，但却富有诗意，而且充满了幽默和对人生美好的向往。想要让幽默萦绕在我们嘴角，就要充分利用我们的观察力和想象力，只有这样，幽默感才能逐渐从我们身上开发出来。只有细心观察，我们才能发现快乐的根源，才能抓住转瞬即逝的幽默素材。

观察之后，我们就能把这些东西储藏到我们心里，然后用自己的想象力进行构思，这样才能把幽默素材运用得圆润自如。如果我们能够把观察力和想象力融合到一起，那么，我们的幽默能力就能淋漓尽致地展现出来了。

生活中也不乏观察力和想象力相结合的例子，如果我们不懂得结合，只会让我们身边本来就有的资源消失殆尽，正因为如此，我们才需要耳聪目明，让大脑高速运转。

村里有个人叫六子，好吃懒做，经常去别人家蹭饭吃，某次六子又到村东头张三家蹭饭吃，六子喝好吃好之后，还没有丝毫要走的意思，张三看六子不走，心里就有些气愤了，就指着窗外树上的一只乌鸦对六子说："六子，你看咱们也没什么菜了，不如咱们把这棵树砍倒，然后抓住这只鸟，把它炖了，然后我们再喝点酒，你觉得怎么样?"

六子仔细看了看这棵树说："恐怕你还没把这棵树砍倒，鸟就飞走了。"

张三马上说："你想错了，我是在想，那只鸟，什么时候才会离开呢?"

多去观察身边的人和事，我们才能找到幽默的突破口，能开阔自己的眼界，而使所有事情变得顺理成章起来。如果我们内心无一物，虽然可以像孩子一样，说出天真无邪幽默的话语，但是却很难与身边人进行交流。

在实践中不断检验我们的幽默能力，在实践中不断应用我们的口才能力，让幽默不断成长提高，也只有这样，我们才能经过自身的不断努力而成为幽默大师。

技巧3 幽默时勿以他人的缺陷做笑点

当我们在与他人聊天或交谈时，不管对方多么乐观、宽容，都不能随意调侃别人的缺陷，以别人的缺陷做笑料。

交谈中，有的人因为天生乐观、宽容，甚至可以在交谈中调侃一下自己的缺点或缺陷，但这也仅限于自己。每个人都有自己忌讳的事情，人们也都讨厌别人提起自己的忌讳。即使是好意的赞美或只是毫无心机地幽上一默，不小心冲撞了对方，就会引起对方的反感，也可能会招来别人的怨恨。其实，在聊天中开玩笑的人，其动机大多都是友好的，但若不把握好分寸和尺度，就会产生不良后果，所谓“说者无心，听者有意”。

当然，若你在不经意间不小心戳到了对方的痛处，此时，最好的方法就是及时补救——以同样的方法戳一下自己的痛处。

幽默应该是出于善意的，是用来缓解紧张的气氛的。但你若只想着用幽默来讽刺和挖苦对方，以对方的缺陷做笑料的话，那么最终会吃哑巴亏。

隋朝时，有个人很聪明，但说话结巴，官高气盛的杨素常常在闲暇无聊的时候把那个人叫来说说笑话，逗逗乐。

这天，杨素开玩笑地说道：“有一个大坑，深一丈，方圆也一丈，让你跳进去，你有什么办法出来吗？”

那个人低头想了想，问道：“有……有……有……有……梯子吗？”

杨素故意学着结巴的样子说：“有……有……有梯子的话，还……还……还用问你吗？”

那个人又低着头想了想，问道："是白……白……白……白天，还是黑……黑……黑夜？"

杨素说道："不管白天还是黑夜，你能够出来吗？"

那人说道："若不是黑夜，眼……眼……眼又不瞎，为什么会掉……掉……掉……掉到里面？"

杨素不禁大笑，又问道："如果命你当将军，有一座小城，兵不满一千，只有几天的口粮，城外有几万人围困，若派你到城中，不知你有什么退兵之策？"

那个人低着头想了想，问道："有救……救……救……救兵吗？"杨素说道："就因为没有救兵，才问你。"

那人又沉吟了一会，抬头对杨素说："我审……审……审慎地分析了形势，如像您说的，不免要……要吃败……败……败仗。"

杨素大笑了一阵，又问道："你很聪明啊，什么都懂啊。今天我家里有人被蛇咬了脚，你能医治吗？"

那人应声答道："用五月端午南墙下的雪涂……涂……涂……涂上就好了。"

杨素道："五月哪里能有雪？"

那人说："五月既然没……没……没有雪，那么腊月哪里有……有……有……有蛇咬？"

结果杨素被彻底逼得说不上话来。这个人虽然说话不利索，但他头脑反应机敏，结果用一次次的反击将杨素逼到了死胡同里，最后竟说不出一句话来。每个人都有自己优势的地方，勿要拿自己的优势去讥讽别人，因为别人也同样会用自己优势的地方来回击你。

幽默的谈吐是表达自己友善态度的必胜法宝，但不是用来取笑他人的。要做一个有口德的人就应该时常谨记，不要拿别人的缺陷做你取乐的笑点，否则必然自食其果。

技巧4 幽默就是力量，一言九鼎威力大

幽默既能消除工作中的幽默，又可以融洽工作气氛，激发干劲，创出佳绩。还能消除疲倦，增进健康，松弛绷紧的神经。

得体的幽默既能消除工作中的幽默，又可以融洽工作气氛，激发干劲，创出佳绩。

一个擅长幽默的领导，很容易受到周围人的欣赏与爱戴。所以，在许多国家，不仅总统有幽默顾问，而且社会各界还创办各种新奇的幽默报刊、活动和组织，借此消除疲倦，增进健康，松弛绷紧的心弦，开展社会交往活动。

从实践中看，恰当的幽默对于领导者来说，具有以下神奇作用。

1.幽默是人际交往的润滑剂

交际是形成人的个性的重要活动。从某种意义上来说，幽默是人与人交往中的润滑剂，它可以使人们的交际变得更顺利，更自然。

某公司代表去美国的分公司视察，美国分公司的总经理举行盛宴招待总公司的代表，进餐的时候，总公司代表问美国分公司总经理：“您今年多大？”美国分公司总经理回答：“51岁。”总公司代表说：“我今年54岁。”分公司总经理说：“但你仍满头乌发，而我早已秃头了。”“这证明你脑筋用得太多了。”两人机智的对答，幽默风趣，其乐融融。

2.幽默是化解尴尬、冲突的良剂

幽默还是化解尴尬、冲突的好方法。特别是对于一个集体而言，恰到好

处的幽默不仅能稳定集体的情绪，还能避免一些冲突或不愉快场面的出现。

一次，威尔逊在一个广场上举行公开演说。突然从听众中扔来一个鸡蛋，正好打中他的脸。后来，安全人员发现扔鸡蛋的是一个小孩。威尔逊得知之后，先是指示安全人员放走小孩，后来马上又叫住了小孩，并当众叫助手记录下小孩的名字、家里的电话与地址。

听众们都心里想着：威尔逊是不是要处罚小孩子，于是开始骚乱起来。这时威尔逊要求会场安静，并对大家说："虽然他的行为不对，但是身为首相，我有责任为国家储备人才。那位小朋友从下面那么远的地方，能够将鸡蛋扔得这么准，证明他可能是一个很好的人才，所以我要将他的名字记下来，以便让体育大臣注意栽培他，使其将来成为我国的棒球选手，为国效力。"威尔逊的话把听众都说乐了。

3.幽默能轻松地达到教育的目的

什么是幽默式批评呢？幽默式批评就是在批评过程中，使用富有哲理的故事、双关语、形象的比喻等，缓解批评的紧张情绪，启发被批评者的思考，增进相互间的感情交流，使批评不但达到教育对方的目的，同时也能创造一个轻松愉快的气氛。

一位上司问自己的部下："马克思是哪国人？"这位部下想了一会儿说："法国人。"只见上司回答道："哦，马克思搬家了。"

常识性问题都答不出，上司当然不快，但却采用了这一幽默，不仅避免了不快情绪引起的对立，也达到了对那位部下批评教育的目的。

幽默就是力量！如果在交往中逐步掌握了幽默技巧，就会巧妙地应付各种尴尬的局面，很好地调节生活，甚至改变人生，使生活充满欢乐。

技巧 5 层出不穷的幽默也能阻断沟通

我们在使用幽默时，千万不能滥用幽默。一句恰到好处的幽默可以为沟通带来轻松与力量，但是层出不穷的幽默、笑话、讽刺，也能阻断沟通。

幽默是调节人际关系的润滑剂，它在人们的生活中占有举足轻重的地位。但是，生活是丰富多彩的，除了幽默还有更多更重要的内容。所以，我们在使用幽默时，千万不能滥用幽默。一句恰到好处的幽默可以为沟通带来轻松与力量，但是滔滔不绝的幽默、笑话，也能阻断沟通。我们可能遇见过这样的人，对方层出不穷的幽默会让人觉得幽默者就像“跳梁小丑”一样在表现自己，只好想办法赶紧逃开威力过大的幽默轰炸。

幽默和搞笑是有一定区别的，又有很深的联系。这需要结合语境和周围的环境来区别。通俗点来说，幽默是有“人味”的，是一种内心思想的散发，不一定能让对方发笑，却能让对方心情愉快，让对方觉得你幽默者是个聪明人；搞笑是一种外在的行为，常能令听众哈哈大笑，这种笑可能包含着内心的释放，有可能包含着嘲讽笑。

“熟而生厌”是人类普遍的心理反应，因此不能老是用同一手法、同一模式去追求幽默。英国幽默家罗勃特林德说：“笑话和服装都有其流行的时代，50 年前的服装，我们现在看来也许好笑，但 50 年前的笑话却不好笑了。”当你所说的笑话过时且不合时代的潮流，那么你所表达的幽默和沟通就会被破坏。下面举一个例子说明这个问题。

在一次聚会上，老A为了活跃气氛，和大家说了一个自认为幽默的故事，却让人觉得莫名其妙，没有一丝幽默。

在生活水准还不是很高的时候，年轻人订婚，女方要戒指还是一种比较奢侈甚至是难以启齿的要求，这是两个将要结婚的年轻人之间发生的故事。

秀秀："我俩都订婚了，你看我这手，是不是应该戴什么？有钱人都戴的。"

志刚："手上戴的呀！我昨天就为你准备好了。"

秀秀："快拿出来给我看看。"

志刚："你伸出手来——好了。"

秀秀："哎呀，是铁丝扭成的?"

这段对话在那个年代时可能会让人发笑，但在今天人们已把戒指看得不那么贵重的时代再说这种故事，就只会让人觉得莫名其妙了。

随着生活状况的改变，笑话也会从有趣变为无味。当然也有极少数的天才能够创造出没有时间性的幽默，他们的名言一再为人重述，历久弥新。但这并不是我们寻常人所能做到的，万一弄巧成拙，会给人一个无聊的印象。

所谓"实践出真知"，培养幽默语言表达习惯关键还是要在实践中不断琢磨，细心体会，从而慢慢养成富有幽默感的言语表达习惯。

凡事都要有"度"，幽默自然也不例外。所有有效的言语活动都要切合特定的语境，这是毫无疑问的，幽默话语尤其要重视这一点，因为幽默对话语跟语境的有机联系要求更高。那么，究竟怎样才能让幽默言语表达得恰当适度呢?

1.不能滥用幽默

使用幽默话语时，一定要注意分寸。如果你想在众人面前表现一下自己的才智，搞不好会弄巧成拙。所以，不能滥用幽默，要注意双方的身份、脾气、性格，否则得到的结果会与你的愿望相背离，适得其反。幽默是言语的调味品，要充分显示它的作用，就要用得少而精。

2.要注意场合和对象

在严肃庄重的场合，不要随便表现幽默，即使你有幽默的机会也别太逞能，千万别心里一冲动就贸然行事。如果你想说服别人不仅要了解对方的心理、愿望、动机、情绪、态度以及分歧所在，更重要的要注意以情感人，以情动人、以情服人。不论对方是初交，抑或旧交；不论对方是领导，抑或下属；不论是谈工作，抑或私事；不论是静心交流，抑或争吵，领导者均应用诚挚而令人感动的语气向对方陈述自己的意见，善打比方，巧用数字、例证等来进行推心置腹式沟通，以达到说服对方的目的。

技巧 6　异性间的幽默勿涉及敏感问题

在使用幽默的时候，一定要因人而异，要根据对方的性格再决定是否采用幽默的说话方式。特别在和异性说话时，要考虑到异性间敏感的话题，勿让幽默损害了彼此的感情。

异性间的幽默往往涉及很多敏感问题，这就更容易造成误解。我们在运用幽默时千万要注意时机、场合和对象。异性和同性不同，男人们在一起开玩笑，即使玩笑开大了，也会一笑而过；而男人和女人之间开的玩笑，若不注意用词和深度，则会给自己扣上色狼、无聊、粗俗等不雅的帽子。

几个同事在办公室聊天，其中一位女士提起她昨天配了一副眼镜，随后又拿出来请大家看。正当大家都对她的眼镜和眼光大加称赞时，老王突然想起一个笑话，说一定要与大家分享。

老王说道："一位近视眼的小姐走进皮鞋店，试穿了好几双鞋，当鞋店老板蹲下来替她量脚的尺寸时，她恍惚看到店老板光秃的头，便以为是她自己的膝盖露出来了，连忙用裙子将它盖住。

鞋店老板大叫一声："该死的，又停电了！"

讲完笑话，几位同事发出了一片哄笑声，只有那名女同事再也笑不出来，从那以后，她竟再也不肯戴那副眼镜，而且路上碰到老王也不和他打一声招呼。

说者无心，听者有意，的确如此。异性间不是开不得玩笑，只不过会有意无意地涉及很多敏感话题，这就需要留心了，因此英国人常常这样标榜："尽管幽默的力量很重要，但它并不是生活的全部。当时机恰当的时候，你才能用它。"

我们身边可能有这样的人，他们不分场合、不择对象，谈话中一味地插科打诨，俏皮话连篇，有时甚至在大庭广众之下开一些不适当的玩笑，不仅引起当事者的反感，连在场的其他人也觉得难堪，不知如何收场。这就提醒我们绝对不能把庸俗当成洒脱幽默，把肉麻的玩笑当成好玩有趣的笑话，否则，这种所谓的"活泼"就将变成人际交往失败的陷阱。

愚人节在年轻人中越来越受欢迎，这一天，如果有人给你打电话约你去唱歌，你千万别相信；如果突然接到朋友病危的消息也千万要淡定；就算你在澡堂洗澡，衣服不翼而飞，你也没必要感到惊讶；如果一个小伙在人行街道上突然高声大喊："请让开，马桶来了！"那你千万别相信，因为那个小伙可能正载着一位妙龄女郎穿行而过……

因为这一天就是个愚弄人的日子。任何谎言都有可能发生，任何玩笑都不过分，但也仅仅只有一天。但这样的玩笑也仅限于愚人节，如果在平常的日子里对女性开这样的玩笑，不但收不到幽默的效果，反而会让人们觉得你很无聊。可见，不管在哪里，幽默都是要讲究时机的。

在与异性交谈时，如果你仅仅把讲究时机作为运用幽默的准则，那就太狭隘了，因为要想成功地使用幽默，在讲究时机的同时还应当注意大环境。毫无疑问，讲究场合才能把幽默运用得更加恰如其分。

一位言语学家这样告诫我们：观察对方的个性、好恶和心情乃成功施展幽默的窍门。在运用幽默的时候，要通过注意观察对方的性格、心理和教养水平来进行幽默，否则你的幽默不但不能让对方理解，反而会得罪对方。

因此，在社交场合，要视对象的不同，说话注意把握分寸，才能收到好的效果。生活中，我们应根据具体的环境、对象和氛围采用适当的形式来表达出恰当的幽默。

幽默的群体性和共娱性特征是十分明显的，一个幽默可能适合男性群体，却对女性群体不合时宜。同样一句话，这个女人听起来可能感到快乐，而让另外一个女人听起来可能就成为了一种侮辱。如果你忽视了这一点，一味地强调自我的兴致和偏爱，丝毫不顾忌他人的感受，那么，你的幽默将暗然无光。

技巧 7　幽默的目的是让交谈变轻松

在交际中，人们都喜欢聆听生动、形象、幽默、活泼的话语，因为这样的话语听着通俗有趣，让人感到轻松、愉快。

我们在运用幽默的时候遵循一定的原则，掌握一定的技巧。有位名人说过："浮躁难以幽默，装腔作势难以幽默，钻牛角尖难以幽默，捉襟见肘难以幽默，迟钝笨拙难以幽默，只有从容、平等待人、超脱、游刃有余、聪明透彻才能幽默。"

要想让自己的谈吐更幽默，更能起到轻松话题的效果，就需要保持一种健康的思想和高尚的情绪。一个思想颓废、心底黑暗的人是很难幽默起来的。

幽默是一种宽容精神的体现，要善于体谅他人，要使自己学会幽默，就要学会雍容大度、保持乐观。乐观与幽默是亲密的朋友，生活中，如果多一点儿趣味和轻松，多一点儿笑容和惬意，多一份乐观与幽默，那么就没有克服不了的困难，也不会出现整天愁眉苦脸、忧心忡忡的痛苦者。

幽默是一种智慧的表现，因此要想合理地运用好幽默，就必须拥有丰富的知识。幽默是一个人聪明才智的表现，能把幽默说到点子上，就要求我们有较高的文化素养和较强的驾驭语言的能力。

一个有口德的人一定要有审时度势的能力、广博的知识，这样才能做到谈资丰富、妙言成趣，这样的人即使在危急的场合也能临时发挥，运用幽默化沉重为轻松。

清代有名的才子纪晓岚，有一年奉命编写《四库全书》，因夏日炎热，便把衣服都脱了，坐在阴凉的地方纳凉。

这天，乾隆皇帝突然探访，皇帝见屋内毫无声音，便打住了奴才的通报，进去一看，发现几位大臣都光着膀子坐在一起乘凉。其他大臣看到皇帝来了都急忙披衣叩首，只有纪晓岚是个近视眼，等看到皇上，已经来不及穿上衣服，只好趴在桌子底下不敢动弹，连大气都不敢出。

乾隆皇帝早已经发现纪晓岚躲在桌子底下，便有意逗一逗他，在旁边一坐就是两个时辰。纪晓岚半天听不到动静，便悄悄地问周围的人："老头子走了没有？"这一问，大臣们都惊了，想乐也不敢乐。

皇上闻讯说道："好啊，纪晓岚，你竟然敢对朕如此无礼，说出这样轻薄的话，你给朕解释清楚，有话讲则恕你无罪，没话讲可就要砍你的头。"

纪晓岚灵机一动，十分恭敬地对皇上说："皇上万寿无疆，这不是老吗？您老人家顶天立地，是百姓之头呀！帝王以天为父、以地为母，对于天地来讲就是子。连在一起，就是“老头子”三个字。皇上，臣说得有错吗?”

纪晓岚说的都是好话，当然没错，于是，皇上听了哈哈一笑，纪晓岚也松了一口气。

正因为纪晓岚拥有渊博的知识，才能急中生智，以幽默的话语应对自己一时的失语和皇上的故意刁难。如若是知识贫乏之人，也许就不能脱口而出那样机智的话，摆脱尴尬的境地。

一个人只有有了丰富的知识，才能审时度势地说话，才能做到妙语连珠。你要想培养幽默感，就必须广泛涉猎、充实自我，日常生活中不断积累，多读、多看、多听、多学，在自己所处的环境中多练习使用幽默的语言，形成幽默的语言习惯。

幽默可以说是一种缓冲剂，让话语从沉重中脱离出来；幽默也近乎于一种默契的形式，它使人以友善、宽容、谅解、发展的眼光来看问题。有口德的人喜欢运用幽默，因为它像一座桥梁，能拉近人与人之间的距离，填补人与人之间的鸿沟，是营造良好人际关系不可缺少的东西。

技巧8 巧用幽默，切忌让听者对号入座

很多时候，有些问题不能明白地说，因此只能运用幽默，嬉笑怒骂着一带而过，更怀有一些指桑骂槐的成分，我们不能说它是善意的，但至少有口德的人是不会运用这样的幽默的。

每个人都有各自的成长经历，都有自己的一些弱点和缺陷，也许是生理上的，也许是隐藏在内心深处的，不管怎样，都是我们不愿触及的“伤疤”，

如果一旦“伤疤”被击中，对任何人来说都是一件极其不愉快的事。因此，我们在运用幽默的时候要小心规避这类问题，切忌让听者对号入座。

美国前总统富兰克林年轻时很骄傲，言行举止常常咄咄逼人，讽刺挖苦也常常隐晦犀利，让听者很不舒服。后来有一位朋友提醒他说：“你从不肯尊重他人，事事自以为是，别人受了几次难堪后，谁还愿听你夸耀的言论？如此，你的朋友将一个个远离你，因此你再也不能从别人那里获得学识与经验了，而你现在所知道的事情，老实说，还是太有限了。”

富兰克林听了这番话后很受震动，决心痛改前非。从那以后，他处处注意，言语行为谦恭和婉，谨防损害别人的尊严和面子，不久，他便从一个被人敌视、无人愿意与之交往的人变为极受人们欢迎的成功人物。

每个人都有很强的自尊心，所以在公众场合或人际交往中开玩笑一定不能让人有对号入座的感觉，做到了这一点，你就会赢得更多人的青睐。

20世纪50年代初，美国第33任总统杜鲁门有一次会见麦克阿瑟将军。麦克阿瑟自恃战功赫赫，非常傲慢。会见中，麦克阿瑟毫无顾忌地拿出烟斗，装上烟丝，取出火柴，在他准备点燃烟丝的时候，才停下来，向杜鲁门总统问道：“你不介意我抽烟吧？”

很明显，麦克阿瑟不是真心向杜鲁门征求意见的，但如果杜鲁门阻止他的话，就显得粗鲁，所以杜鲁门只是看了一眼麦克阿瑟，说：“抽吧，将军，别人喷到我脸上的烟雾要比喷在任何一个美国人脸上的都多。”

杜鲁门的这句话并没有就麦克阿瑟吸烟的问题进行专门指责，但他幽默的言语中软中带硬，既委婉地指出了麦克阿瑟的无礼，又没有损伤自己的风度。这句话说出之后，麦克阿瑟收敛了很多。

值得注意的是，就事论事的幽默批评有时候只适用于上级对下级，如果反过来用，则有可能让上级觉得下级把自己摆在与其保持平起平坐的位置，甚至有鄙夷自己之感，如果是这样，其效果就可能适得其反了。

说话总是在一定的时间、空间进行的，某些场合的变化是出人意料的。如果应对不好，会使自己陷入某种困境，这就要求说话者必须善于变换切入角度，灵活地应对和驾驭各种局面和场合，有时还可以利用特定场合制造有趣的情境歧义。

"世事洞明皆学问，人情练达即文章。"幽默是一门深远的学问，只有多读书、多阅世，多积累知识、扩大知识面，懂得并熟练地按技巧操作，才能将幽默的效用发挥到极致，最终成为幽默高手。

每个人的命运不仅把握在自己的手中，还把握在自己口中。有口德的人说话分场合、看对象，一定不会让听者有对号入座之感。说话时为他人留点儿口德，也就是为自己留下回转的余地。

技巧9　幽默的拒绝比直接拒绝更有效

直接拒绝别人的请求可能会伤害到对方的感情，破坏彼此的关系。但是，如果你使用幽默的方法拒绝别人，这样既可以缓解紧张的氛围，又可以不使友情受到影响。

卡耐基认为：直接拒绝别人很容易伤害到对方的感情，甚至造成许多误解，引起纠纷，破坏人际关系。但是，利用幽默，巧妙拒绝，却能使很多问题迎刃而解。

在工作当中，如果不懂得拒绝的技巧，往往会吃亏上当的，下面的例子很有借鉴的意义：

大个子瑞克是一位被公司冷落的老主任。有一天，某部门经理拍着他的肩膀说：“瑞克，你看是不是要早日把你的职位让给年轻人！”

“好啊！就这么办！”瑞克说。

“唉！你愿意？”经历有些意外。

“是啊！不过俗话说，‘鸟去不浊池’，所以我有一个请求，希望能让我把正在进行的工作彻底做好再走。”

“哦！这是理所当然的。不过，你那个工作预计什么时候可以完成呢！”经理问。

“我想，大概还要10年。”瑞克幽默地回答。

这回答乍一听，瑞克似乎是很大度的人，不计较个人利益，然后找了一个听来十分堂皇的借口“站好最后一班岗”，而部门经理不知道，这正是他回绝的理由，迂回中才表露出来。这位老主任的幽默才能实在令人叹服。

在拒绝别人时，采用幽默的方式不但不会伤害到对方的感情，而且还可以避免不必要的尴尬。幽默地拒绝之所以有这样的功效，完全是因为幽默逻辑所起的作用。

幽默逻辑与一般逻辑的不同之处在于，它并不像一般逻辑那样运用概念、判断、推理来证明，而是通过沟通彼此的情感以达到交流的目的。只要运用得当，一般都能收到较理想的效果。

意大利音乐家罗西尼在过生日的前一天，一些朋友来告诉他，他们集了两万法郎，要为他立一座纪念碑。他听了以后说：“浪费钱财！给我这笔钱，我自己站在那里好了！”

罗西尼本不同意朋友们的做法，但他没有正面回绝，而是提出一个不切实际的想法：“给我这笔钱，我自己站在那里好了！”含蓄地指出朋友的做法太奢侈，点明其不合理性。

在生活中经常会出现这样的情况，别人因为你的名气或者地位向你提出某种请求，在这个时候如果你直接拒绝了别人，可能会伤害到别人的面子与尊严，非常令人扫兴。所以，面对这种情景不妨在自己身上找一个与之相关的缺陷做借口，用风趣的语言自我嘲讽一番，向对方暗示自己不情愿也不合适答应其请求，往往会收到较好的效果。

第三章 温暖和善，把话说得有情有义

温暖和善是一种爱的情感，只有发自肺腑地爱别人，拥有较高的亲和力，才能拥有宽广的胸怀。在与人交往中，一定要恰当地运用你的“温暖和善”，它既可以让你更大程度地获得友情，又能为你带来更多的人脉资源，让你获得意想不到的良好机会与前途。

技巧1 多说“我们”，少分“你”和“我”

多说“我们”有助于培养彼此间的亲和力，拉近互相的关系，当你说出“你”、“我”这样的词时，会让对方在心理上产生一种距离感。

“亲和力”一词最早出现在化学领域，常常用以描述原子之间的关联特性，而到了现代，亲和力逐渐被生活化，用来形容人际关系的掌控能力。如果一个人对另外一个人具有友好的表示，并常常通过这种方法同陌生人拉近关系，那么就可以说这个人具有亲和力。

一般说来，在交际场合，具有良好亲和力的人往往最受欢迎。一个人是否具有亲和力，除了表现在表情、态度上，还更多地体现在语言方面。比如，具有亲和力的人在同别人说话时会尽量避免用“你”和“我”这样的字眼，而是着重突出两者的共同关系，用“我们”。

具有亲和力的人在与人谈话时除了用这种善意的口吻外，脸上也总是保持着微笑，这样便能快速消除人与人之间的隔膜，拉近彼此间的距离。在人际交往中，具有亲和力的人无论何时何地都是广受欢迎的，即便是批评他人，由于有了亲和力，也会更容易让人接受。

玫琳·凯公司是一家知名的化妆品公司，为了加深服务理念，扩大公司产品的影响，玫琳·凯女士以身作则，号召公司员工都用本公司生产的化妆品，因此就有了一条不成文的规定：公司的员工不能使用其他公司的化妆品，至少在公司内，员工是不可以用其他品牌的化妆品的。

其实这就像人们无法理解凯迪拉克轿车的推销员开着福特轿车四处游说一样，因此公司的员工也都默默遵守着这条不成文的规定。

有一次，玫琳·凯发现一位大堂经理正在公司使用另外一家公司生产的粉盒及唇膏，她便趁机走到那位经理桌旁，微笑地说道：“天啊，你不会是在咱们公司使用别的公司的产品吧?”经理一听，心想自己肯定免不了挨一顿批评了，可抬头一看，玫琳·凯女士的神情十分友善，脸上还洋溢着微笑，经理不知不觉间脸微微地红了。

第二天，玫琳·凯送给那位经理一套公司的口红和眼影膏，并认真地对她说：“如果在使用过程中觉得有什么不适，欢迎及时地告诉我，我们再想一想改进的方法。”再后来，公司所有的新老员工都有了一整套本公司生产的适合自己的化妆品和护肤品。而且，玫琳·凯女士还亲自作了详细的使用示范。

玫琳·凯亲和的态度、友善的口语表达方式使她自然地与员工打成一片，成功地灌输了她正确的经营理念。

亲和力就是这样，它是人们说话时的一种亲切的态度，使双方听起来感觉像是认识很久的朋友或是自己人，这种方式的优点在于消除人与人之间的隔膜，进而使传达者有效地把自己的思想传递给被传达者。

多说“我们”，少说“你”和“我”，这样的说话方式可以让对方听起来更加悦耳，仿佛在说关于自己切身利益的事情，而你也是站在他的角度来说的，这样自然能迅速拉近双方的关系，那么，在日常生活中，我们应该如何利用这种说话方式来凸显亲和力呢？

美国电视脱口秀明星主持人奥普拉曾经主持过一期“吸毒妈妈”的节目。在节目录制过程中，奥普拉同几位曾有过吸毒经历的母亲谈话，其中一位母亲说她是因为害怕失去丈夫才染上毒瘾的，奥普拉对此感到十分理解；而另一位母亲则说自己之所以肯公开自己的隐私来参加这期节目，是因为奥普拉从来不说假话，相信她。奥普拉听了感动万分，她仿佛再也忍不住了，向这位母亲和观众透露道：“我也吸过可卡因，咱们真是同病相怜啊！”话音刚落，一旁的导演和同事都惊慌不已，她却暗示他们没有关系，随之坦然道：“没事儿，一切都过去了，一切都会好的。”在她极具亲和力的几句鼓励下，几位被访问者才坦然地道出了自己的真实感情。

对奥普拉本身和电视台而言，她的坦率简直有些“肆无忌惮”，然而也正因为如此，她的话才给人一种亲切之感、一种可信赖之感，最后奥普拉不但没有因为曾经吸毒而有损自身的形象，而且还制作出了一期高收视率的节目，并获得人们的好评。

被采访者往往不愿意透露自己的心声，如果你能够用语言进行暗示，让对方知道你跟他有过同样的感受和经历，就必然会让对方降低设防的心理，从而愿意与你近距离交谈。这样一来，即使对话的双方身份不同、处境各异，只要说的是坦率的、真诚的、发自肺腑的话，往往都能起到增加亲切感的作用。但如果你只是对被采访者说一些冠冕堂皇、虚情假意的话，那就很能产生亲切感。

在生活中同样如此，当一个人处于失望、沮丧的情况时，如果你在说话时表示有同感，而且告诉对方还是有值得肯定的地方，就好比给干旱的庄稼送去了及时雨，给停滞的船送去了顺帆的风，自然而然地得到别人的信任，从而起到了增强亲和力的作用。

另外，想要使自己的话有亲和力，还需要多以商量的口吻来讲一些与大家息息相关的事情，以增强对方的“主人翁”意识，这样，对方就不会感觉被命令而是自己参与了决定，这就增强了双方的关切感和认同感。

说理解的话来增强语言的共鸣感，如果与人对话时多从沟通的角度出发，多一点儿将心比心的理解，多说一点儿善解人意的话，那么语言表达就容易引起对方的共鸣，一种独特的亲和力也就寄予其中了。

一本正经的说教只会拒人于千里之外，虚情假意的谎言只能招致唾骂，而真诚亲切的语言则能让世界充满平和，这就是口德的力量。

技巧 2　见面切忌太冷场，恰当寒暄拉近距离

寒暄又叫打招呼，是人与人建立语言交流的方法之一。通过恰当的寒暄，人与人之间便能建立起愉快的交谈，并以此为契机开始真正的交往。

寒暄是交谈的润滑剂，运用得好便能让不相识的人迅速相识起来，使不熟悉的人迅速熟悉起来，从而为双方进一步增进认识架起沟通的桥梁。

寒暄是日常生活中调节人际关系的重要组成部分，是人们交往的基础，是心心相印的媒介。一般说来，寒暄的主要形式有以下几种。

1.路遇式寒暄

顾名思义，路遇式寒暄就是在路途中或公众场所不经意间碰到了相识的人而顺便打的招呼，路遇式寒暄是生活中最常遇见的一种寒暄形式。如果对面走来的相识者是常见面的熟人，你可以用十分轻松愉快的一句“您好”、“吃了吗”、“上班去吗”等简单的招呼语一带而过。或者你可以微笑一下，摆摆手，甚至可以只微微点点头以示敬意。

还有一种情况是路上遇见经年不见的熟人，这时不管你是骑车经过还是散步遇见，都应该停下来与对方多说几句话，如果有急事要办，则要与对方说清楚、讲明白，然后再先行离开，这样做才不失礼节又合情合理。

2.会晤前的寒暄

会晤前的寒暄就是如约见了面或客人来了之后在开始正题之前的一些客套性的问候。这种寒暄在工作中较为常见，你可以采取最基本的问候方式，如“您好”、“请进”、“请坐”等；还可以采用另一种特殊的问候方式，比如得知对方的一些情况，如家里人生病住进医院、老人新亡，或是对方自己大病初愈、长途旅行而归、身遭不幸等，那么就需要针对这些方面来进行寒暄。这样一来，你的寒暄问候就显得格外体贴入微。

恰到好处的寒暄能冰融尴尬场面，打破冷场气氛。因此，寒暄不一定只是说“早上好”、“最近怎样”等话语的简单的见面问候，还可以采取多种方式进行。以下就是一些别具一格的寒暄方式。

1.赞美的方式。“这件衣服真漂亮”、“新剪的头发很适合你”等，以这样简单真诚的赞美作为寒暄，很快就能将你的善意与好感传递给对方。

2.关切地询问方式。“听说你昨天生病了。”“你身体好些了吗?”这样的询问对常见的同事或熟人更能显得亲切。当你遇到久别重逢的朋友时，你可以根据他们当时的神情、穿着、情绪状态等揣摩一下对方的行为动向，并抱着关切的态度询问一下，同样也使得友谊更加深厚。

3.“开场”的方式。开场才是寒暄最初的用途。很多时候，不合时宜的开场不但不能让气氛活跃起来，反而会让气氛冷掉。因此，寒暄一定要讲究开场的方式，当你请求他人帮忙时、当你与异性初次约会时、当你与陌生人见面时等，为了避免尴尬和陌生感，为了缓解紧张的气氛，你可以先谈一些彼此熟知的话题，如天气、社会风气等。

除了以上这些最基本的寒暄方式，你还可以凭借自己的经验，根据不同的情境想出一些寒暄的方式，借以快速达到接近对方、融洽关系的目的。另外还要注意，不论对任何人，你都要做到积极主动地前去打招呼，最好付之以和善的微笑，这样就会立刻赢得对方的好感。

寒暄还要因人而异、因地制宜。对特别熟识的亲属或朋友可以关切地询问对方最近的学习、工作情况，但与陌生人的初次交谈，就只宜于天气、新闻之类的寒暄，不触及个人深层次及隐私方面。寒暄时要面带微笑，对久别重逢的好友可以上前握手、拥抱，要和对方的目光接触。如果是行礼，一定要挺直上身，优美的姿势会使你的寒暄更有效果。

恰当的寒暄能化解气氛，给人以轻松感，由此沟通感情、联络友谊，促使人际交往更顺畅。

技巧 3 亲切称呼他人，给人留下好印象

> 称呼是礼仪的开始。在称呼上打动别人，交往起来也就变得容易。

用什么称谓来称呼一个人不但能反映出你与说话人是怎样的关系，同时也关乎着你的礼貌和态度。所以，在社会交往中，要想留给人好印象，就要把握好对方的心理，在称呼上下工夫。那么，在人际交往中，我们应该知道

哪些惯用的称呼语呢？

亲属之间的称呼不言而喻，几乎是与生俱来的，如“爷爷、奶奶、爸爸、妈妈、姑姑、舅舅”等。然而，社会上的称呼就不同了，它是随着姓名、职务、身份、职业、年龄等而定的。

如果你在自己的家中称呼叔叔为“赵局长”，那就显得生分了，对方可能会想你是在开长辈的玩笑；如果你在工作场合称呼公司的老板为“爸爸”，那么就显得不够庄重。

因此，如何称呼的确显得很重要，两个人见了面，总不能不称呼就直接进入谈话，那么是该直呼其名还是该冠上头衔呢？这就要看你是处于什么样的场合和情境下了。

比如，年长的平辈可直接称呼年少者的名字，若年少者已经成年，则应该用亲属的称谓。对晚辈，可称呼其称谓，也可以直呼其名，有时候直呼其名显得更加亲切，而当晚辈有了自己的成年晚辈时，直呼其名就显得不妥当了。

人际交往中，对关系比较密切的熟人可以大概仿照自己亲属的性别、年龄、身份等来进行称呼，如果有必要的话，还可以在称呼上冠以“姓氏”，比如“王叔叔”、“张大婶”，等等。对于关系不太熟的相识者，最好在称呼上有所顾忌，如果用亲属间的称呼就显得不合适了。

在一些正式、公开的场合，可以用熟人的职务、职业称呼对方，也可以用“姓加职务、职业称谓”、“名加职务、职业称谓”、“姓名加职务、职业称谓”相称，如“赵厂长”、“李校长”，等等。

年纪较大、职务较高、辈分较高的人常对年纪较轻、职务较低、辈分较小的人称呼其姓名，这种称呼明快直爽。反之，年纪较轻、职务较低、辈分较小的人对年纪较大、职务较高、辈分较高的人直呼其姓名则是没有礼貌的表现。

对待陌生人的称呼如果不好好斟酌，就可能闹出许多笑话和纷争。其实，称呼陌生人有以下几种方法。

1.通称法

根据陌生人的具体年龄、性别、职业等情况称对方为“先生”、“小姐”、“师傅”、“大娘”、“大姐”等。这时应当注意的是，如果不确定对方有没有结婚，那么就最好不用“太太”而改用“女士”或“小姐”，有时宁肯称呼已经结过婚的女士为“小姐”，也不能称呼没有结过婚的女士为“太太”。

嘴甜的人经常乱用称呼，这类人走在菜市场上，无论对方年龄多大，都一律叫“大姐”或“大婶”，其实这种称呼已经过时了。称呼对方要看年龄，对七八十岁的人叫大婶是一种尊重，但称呼刚结过婚的妇女为大婶就不妥当了。

2.差异法

在称呼对方时，要注意民族、时代、地域的差异。各个不同的国家、民族，对人的称呼都有一些独特的习惯，如在日本，对妇女也可称“先生”，如“美优子先生”，而汉民族语言中的称呼语相对于其他民族语言中的称呼语要复杂得多，不仅要看人的性别、辈分、年龄，还要分敬称和谦称。

然而，并不是所有的民族都十分讲究，比如英语中，对“姨母、姑母、伯母、叔母”等都只用同一个称谓。有的民族语言就没这么多讲究，如英语中的“Aunt”等，所以各个民族有不同的称呼习惯，在实际运用中要遵从各民族的习惯。

称呼的差异性还表现在地域上，有的地方因为受地方文化的影响，称呼就有所不同。这时，每到一个地方就应该遵从当地文化而改变称呼习惯。这样更能让人觉得你可敬可爱、懂礼貌，进而容易亲近你。

3.口语——书面语转化法

在称呼上也要注意口语和书面语的区别。口语相对于书面语而言显得更通俗、随便和亲切。在现代汉语中，同一个对象可以有口语和书面语两种不同的称呼，如“爸爸”就是口语，而“父亲”就是书面语。在口语环境下，如果运用书面语去称呼对方，就显得生硬、不自然。但有时候，我们在进行转述的时候，用书面语更好，如“小明的父母”、“小黄的祖母”等，这样更显得尊重和庄重。

在称呼上也能体现出一个人的品德和素质，如果一个人冲着一位上了年纪的老人嚷“老家伙”、“老不死的”等，那么我们就会认为这个人就太缺少教养了。因此，嘴甜一点儿永远不会吃亏，把“老头儿”换成“老人家”、“老大爷”，既显得你尊老爱幼，又能为自己赢得他人的尊重和称赞。

技巧4 情真意切的语言才能打动人

情真意切的语言是联络员、宣传员，是沟通关系、建立感情的桥梁。情真意切的语言才能打动人，理智有据的语言才能说服人。

有一家中外合资企业的公关部，要招聘两名公关小姐。报名的有20多人，基本符合条件的有14人。人事部和公关部决定当面考试，择优聘用。前两个回合姑娘们都顺利地通过了，成绩似乎不相上下。第三回合开始后，轮到陈小姐应考。一位“客人”走进公关部。

陈小姐：“先生，请问您找谁?”

客人:“我找你们唐经理。”

陈小姐:“对不起，请您登记一下。”

客人往前走，不予理睬。于是陈小姐拦住了他。客人不悦，说道:“我同你们唐总打了多年交道了，还登什么记。”说完继续往里走，陈小姐茫然无措。评委中不少人摇头。看来陈小姐处理失当。

轮到金小姐应试时，“客人”又进门了仍然说要找唐总经理。金小姐把客人让到沙发上坐下。金小姐：“先生，请问您怎么称呼，让我向总经理通报一下好吗?”

客人回答了她。她用电话通报后，笑容可掬地对客人说:“对不起，让您久等了! 总经理欢迎您的到来，请往里走吧!”客人满意地点头，评委们的脸上露出了笑容。

下面是李小姐应考，主考人给她来了个电话:“喂，你是公关部吗? 我是××公司总经理。我们现在有急事要用车，请你们支持一下，马上派一部小车来好吗?”李小姐：“好的，我们马上就派去。”

评委们认为太轻率了。另一位考官从旁插话说:“这会儿公司没有小车在家。”李小姐无言以对。下一个轮到石小姐，她仍然接到同样的要车电话。

石小姐:“康泰公司的朋友，很对不起，我们公司这会儿没有车，请您向别的单位借吧。”直来直去的语言，评委们仍不满意。

接着吴小姐应试，她接到电话后说：“真对不起，我们公司的车都出去了。这样吧，我马上帮您向别的单位联系，找到车了立刻通知您，您看好吗?”这时考官和评委们都满意了。

从这个例子，我们可以看出公关工作对于公关人员口才的要求。在企业中，不管你处于哪个职位，不管你属于哪个级别，每个人都要有这样的思想准备——小心说话。员工工作的目的是为企业服务，所以，在工作中要注意以下 3 方面的讲话原则：

1.要言之有礼

与人交往时，举止要得体，语言更要有礼貌，没有人愿和一个没有礼貌的人打交道。一个公司对待大小客户都要诚信有礼。礼貌语言要“以和为重”，就是谈论问题要兼顾各方利益，求同存异。

2.要言之有的

出息活动时总有一个明确的目的。所以参加活动的员工说话时，不仅要明确目的性，而且要具有针对性。不说空话，不讲官话。一要看清对象、弄明身份，对不同的公众采用不同的语气，就是要做到见什么人说什么话。二要紧扣中心，要使语言形象生动，可以运用修辞进行修饰，但讲到实质问题要一针见血，一语破的，简明扼要。

3.要言之有度

讲话要有理有节，问候寒暄适可而止，分析判断恰如其分，充分考虑对方的立场。一要适时，讲话时既要积极主动，又要谨慎小心。该说话时不说就会冷场，不该讲时讲了又是多嘴。冷场会使人难堪，多嘴又令人讨厌；二要适中，要追求质量且不能说太长，该短则短，既不能使人不明白，也不能讲个没完没了；三要适当，公关人员讲话，要周密思考，用语准确，语气得体，分寸恰当。既不能词不达意，也不能言过其实，虽然难以字斟句酌，也要做到言之成理。

技巧5 照顾对方的感受，不要自顾自地说

说话时，应该照顾在场各人的感受，不应该以自己为中心点，这样会让人觉得你很自私，缺少群体意识。

很多时候，我们会陷入一种谈话误区，即人们都愿意自己说，更愿意谈论跟自己有关的事情，而不情愿倾听别人讲话，这是人的弱点，会让人们觉得你很自私、很没有教养，因此，只有克服这些弱点，你才会变成一个受欢迎的人。

说话时不要只顾自己滔滔不绝，应当时刻照顾到对方的感受，不要让对方觉得自己被排斥在这个圈子之外。因此，如果你想让别人喜欢你、尊重你，并且在背后对你称道，这里有一个方法：耐心地倾听对方的话，不管他说什么，都要充满兴趣，即使知道他将说什么，也绝不打岔。或者当你在很有兴致地谈论一件事时，恰当地征求一下对方的见解，这时你会发现，即便是一个冷漠无情的慢性子，也会在你面前变得热情欢快起来。

相反，如果你希望别人远离你、轻视你，甚至在背后嘲笑你，也有一个方法：绝不要听人家讲3句话以上，不断地谈论你自己。如果你预先知道别人所说的是什么，就不要等他说完，让他认为自己不如你聪明。这无疑都在说明一个道理，即人际交往中的一条最重要的原则：做一个好的倾听者。

著名的成功学大师卡耐基有一次到欧洲一些地方去作演讲，回来之后，有一个朋友邀请他去参加桥牌晚会。其实卡耐基并不会打桥牌，因此在别人都兴致勃勃地打牌时，自己只能站在一旁观战。正巧有一位女士也不会打桥牌，于是两个人就坐下来闲聊起来了。

女士知道卡耐基刚刚从欧洲回来后，简直激动得要跳起来，她兴致勃勃地问道："欧洲是我从小时候就梦想要去的地方，可直到现在都没能如愿。天啊，卡耐基先生，您快说一说，您到欧洲都去了哪些国家的哪些地方？"

然而卡耐基并没有急于诉说自己的游历，相反，他得知这位女士刚好从阿根廷回来。又听人说阿根廷的大草原风景秀丽，凡是到阿根廷的人几乎都会去看看，并且都会有自己的一番感受。于是，卡耐基对那位女士说："欧洲有许多有趣的地方，风景优美的地方就更不用说了，但其实我比较喜欢打猎，欧洲打猎的地方就只有一些山丘，这是很危险的。要是能在风景秀丽的大草原上骑着骏马奔驰打猎，那才叫过瘾呢！"

果不其然，女士听到卡耐基说大草原，立刻激动起来。

"大草原，您说的是阿根廷的大草原吗？"女士兴奋地喊道，"我刚从南美阿根廷的大草原旅游回来，那真是一个有趣的地方，太好玩了！”

“真的吗？那你一定过得很愉快吧？能给我讲一讲大草原上的风景和动物吗？你知道吗？我的梦想就是到大草原上去。”卡耐基也惊讶地感叹道。

女士看到自己有了一个倾听者，自然不会放过这个机会，于是滔滔不绝地讲起了她在大草原的旅行经过，卡耐基则在一旁耐心地听着，并不时微笑着点头鼓励她继续讲下去。那位女士足足讲了1个多小时，一直到晚会结束。最后，分别的时候，她不无遗憾地对卡耐基说：“卡耐基先生，下次见面我继续给你讲，还有很多很多呢！”

几天后，卡耐基从晚会主人那里听到了来自那位女士对自己的评价，女士说：“卡耐基真会讲话，他是个很有意思的人，我很愿意跟他交谈。”卡耐基心想，其实整个晚会自己只说了几句话而已。

卡耐基之所以将话题抛给那位女士，是因为他知道，要想跟一个健谈的人保持交谈，就应该避免让她长时间地做个听者，而要让她一次说个痛快。如果卡耐基在一开始就自己一个人滔滔不绝地说话，女士也未必能够耐心地听下去，可能会在中途进行打断。因此还不如把这个滔滔不绝的机会让给对方，最后还能得到别人的喜爱和夸赞。

日常生活和工作中，我们也经常会遇见这样的人，他们并不想从别人嘴里听到些什么，他们只需要一双倾听的耳朵，如果有人愿意倾听他们说的话，他们就会觉得感激不尽，会把自己知道的一切都讲出来。面对这样的谈话者，我们应该时常照顾到他们，并且学着把说话的机会让给对方。而你最好不要自以为是，妄想靠自己的口才去堵住对方的嘴巴，那样的做法只能招来对方的反感和厌烦。

一个人作为一个独立的主体，会事事从自我的立场出发，因为人们最喜欢的还是自己，同时最爱谈论的也是自己，所以在谈话时便不会顾及别人的感受，而是口若悬河地说自己的话。在日常交际中，人们应该克服这种心理，否则就会被别人厌烦，影响人际关系的发展。

另外，还有的人不是很健谈，但这并不代表他们就不想成为一个诉说者。这样的人往往有着很强的心理活动，表面情绪变化也比较大，很多时候也愿意在别人诉说的过程中插上两句话，然而，如果你没有注意到这点，而依然自顾自地滔滔不绝的说，就会打消他们说的念头，从而更埋怨你。

有时候，我们也会遇到很让人反感的情景，就是对方自顾自地大加宣泄，而你却插不上嘴。这时，你不妨保持沉默，做一个安静的倾听者，不要打断他。当你的朋友宣泄完毕后，自然会对你加倍感激，因为你满足了他的倾诉愿望，更重要的是，你还表示了对他的尊重。

有口德的人之所以能得到人心，就是因为他们不但嘴上留德，心里更加为对方着想。这样的人非但不会抢别人的话题，还会把话题主动让给需要倾诉的一方，如此，必然会让对方铭记于心。

技巧6 优美的语言让人听起来更温暖

要想让你的语言具有感染力，能够打动人心，那么必须让你的语言具有流畅的特征。因为只有流畅的语言，才能给人以温暖和享受。

所谓流畅，是指语言的脉络清晰、连贯无阻，没有冗繁累赘、成分残缺、搭配不当等毛病，运用语言犹如行云流水，给人以快感和美的享受。

在面对听众进行演讲时，要善于把握句式的变化。语言是否连贯跟句式的协调与搭配有着极为密切的关系。例如，有句演讲词说：“难道政治野心家能篡改客观真理吗？乌鸦的翅膀挡不住太阳的光辉。”这句话意思是清楚明白的，比喻也很恰当，但说起来很不顺口，听起来也不顺耳，使人有别扭之感。其实，只要我们稍稍调整一下句式，效果就大不一样了。

试比较下列几种句式：

1. 政治野心家篡改不了客观真理，乌鸦的翅膀挡不住太阳的光辉。（前后都是叙述句，句式整齐，形成对照。）

2. 政治野心家不能把客观真理篡改，乌鸦的翅膀不能把太阳挡住。（前后都用“把”字句，增强了语言的气势。）

3. 客观的真理不会被政治野心家篡改，太阳的光辉不会被乌鸦的翅膀挡住。（前后都用“不会被”的句式，侧重点各不相同，朗朗上口、语气连贯。）

4. 难道政治野心家能篡改客观真理吗？难道乌鸦的翅膀能挡住太阳的光辉吗？（连用两个反问句，强烈有力。）

通过以上对比和比较，可见，连贯流畅的语言还须演讲者下番工夫琢磨。

一代文学巨匠巴尔扎克去世了，作为其挚友的雨果在追悼会上发表了《巴尔扎克葬词》，我们不妨品读其中一节：

在最伟大的人物中间，巴尔扎克是第一等的人；在最优秀的人物中间，巴尔扎克是最高的一个。他的理智是壮丽的、奇特的，成就不是眼下说得尽的。

他的一生是短促的，然而也是饱满的。作品比岁月还多。

唉！这强有力的、永不疲倦的工作者，这哲学家、这思想家、这诗人、这天才，在我们中间，过着暴风雨的生活，充满了斗争、争吵、战斗、一切伟大人物在每一个时代遭逢的生活。今天，他安息了。他走出了愤怒与仇恨。他在同一天步入了光荣，也步入了坟墓。从今以后，他和祖国的星星在一起，照耀于我们上空的云层之上。

雨果的这篇葬词，既没有泛泛地叙说死者的生平，也没有讲述死者生前做了什么，而是用诗一般的精湛语言，赞誉了巴尔扎克的高贵品格，颂扬了他对文化、历史和人类的巨大贡献。其语言凝重中透着隽永，深沉中显出壮丽，冷静中掩着奔放，犹如流泉叮咚，又像江河万里，具有沁人心脾之穿透力。像这样生动流畅的演说词，全篇比比皆是，美不胜收。令人百听不厌、百读不烦。

演讲是讲给别人听的，这种“双边活动”要求讲与听中间不能有阻隔，而讲的声音是转瞬即逝的，要想让人听准、听懂，就得说听众熟悉而又经常讲的口语。所以，演讲的语言必须保持口语的朴实风格。只有保持这种风格，才能使自己的语言平易、上口、入耳，便于传播。

这里说的口语，不是日常的口头语言，而是经过加工提炼的口头语言，要层次清晰、语句通顺。

那么，怎样做到演讲语言的口语化呢？

1.把长句改成适合听的短句

演讲的句式要尽量简短，使听众容易把握句子内容。例如，毛泽东在《关于重庆谈判》中说：“事情就是这样，他来进攻，我们把他消灭了，他就舒服了。消灭一点，舒服一点；消灭得多，舒服得多；彻底消灭，彻底舒服。”你看，句式多么简短而又整齐匀称，显得自然流畅。

2.把单音词换成双音词

单音词声音短促，不容易听清楚；双音词存在的时间长，留给听众的印象深。因此，演讲稿中的单音词要尽量改成双音词，如：曾经，已：已经，因：因为，应：应该，时：时候、时间、时刻、时分。

3.慎用近音词和简称

例如，把“坚持十年不歇脚”让人听成“坚持十年不洗脚”会大杀风景的，不如说“坚持十年不停步”。又如“打经办”之类的简称，听众可能还不熟悉，或在演讲中第一次提到，最好用全称。

4.把倒装句尽量改为正装句

倒装句具有强调某种成分的作用，是一种常见的修辞方法。

但有的倒装句在演讲稿里讲起来显得别扭，听众不易把握意思。如果改成正装句，就会既顺当又容易为听众所把握。例如：

原句：在开始以前已被打倒，是承认失败的人。改句：承认失败的人，在开始以前已被打倒。

5.在用词风格上，多用通俗生动的“现成话”，而不要文言夹杂

演讲最忌讳不合时宜地文言夹杂和滥用深奥难懂的成语、典故，因为它不仅说起来拗口，而且听起来晦涩难懂。

技巧7　拒绝时的语态也要亲和有力

拒绝是一个很伤人心的行为，但很多时候又不得不拒绝对方，这时就需要懂得拒绝的艺术，用亲和有力的语言拒绝对方，既让对方明白拒绝之意，又让对方心理上好受些。

在人际交往中，拒绝别人是一件非常困难的事，一不小心就可能得罪人，所以每个人都应该学着掌握一些技巧，从而达到拒绝别人又不伤害感情的目的，并且还能获得别人的理解和体谅。

人际关系学家告诉我们：“我们需要在聆听别人陈述和请求完毕之后轻轻摇摇头，而态度并不强烈。”这就是告诉我们，拒绝他人要讲求方法，不要断然拒绝。听完之后先轻轻摇一摇头，这就率先表示了否定，别人看见你摇头后，心里便已经有了数，当你再明确拒绝后，对方便更加容易接受了。

另外，不加考虑地断然拒绝对方，会让对方认为你根本没有进行任何思考，只是单纯地不想接受。因此，这样的拒绝会让对方生气，认为你没有站在他的立场考虑，更不会为他着想。这就要求我们在拒绝对方的请求时，至少要让对方知道你确实是心有余而力不足，把埋怨变成体谅。那么，在实际操作中，我们该如何拒绝才能让对方高兴地接受呢？

1.回答留有余地

有人求你帮忙，你又难以办到或者内心也不愿意帮忙，也不必一口回绝，以免当头一盆凉水浇得别人难堪。遇到这种情况，你不妨来个“缓兵之计”，回答留有余地：“这件事我没有把握办成，不过我愿为你尽力去奔走效力，你先回去，有了消息我马上通知你。”过一段时间后，你可以另行告诉他，“为这件事我奔走了好几天，实在是无能为力了，你还是赶紧另外想办法吧！”这样，当你最后无功而返时，对方也因为早就做好了心理准备而更容易接受这个事实，所以不会形成双方当面难堪的局面。

2.拒绝的理由要充分

小张鼓起勇气走进经理的办公室，说：“对不起，我想该给我加薪了。我认为应该给我加了。”经理回答：“你确实应该了，但是……”接着，经理把桌子上的文件推到一边，指着玻璃板下的一张工资制度，不慌不忙道，“根据本公司职务工资制度，你的工资是你这一档中最高的了。”小张泄气了：“哎，我忘记我的工资级别了！”他退了出来，制度使他放弃了过分的要求。

这里先不讨论小张，我们讨论一下经理的说话水平。如果经理直接跟小张说不加工资，无形中是对小张工作的不肯定。所以，当经理觉得不应该给小张加工资时，先夸奖一下小张，让小张产生高兴的心理，当这种心理产生后，再用一纸规定把小张给“堵回去”了。

理由很简单，却很实用，这无形中折射出“好员工就应该遵守公司规章制度。只有好员工才有涨工资的可能性，而涨工资的可能性却被公司规章制度给否决了。”

3.态度要诚恳

以诚恳的态度明确地说出自己不得不拒绝的理由，直到对方了解到你的确是因为爱莫能助，这是一种最为成功的拒绝方法。

伟嘉是个优秀学生，不但成绩好，还乐于助人。有一段时间，伟嘉每天放学后都会约上另外两个同学一起去帮助一位孤寡老人。这天放学后，伟嘉刚要出发，就被一位叫王坤的同学叫住了。王坤成绩比较差，因此一有空闲，伟嘉就会帮他补习。原来，王坤有一道数学题不会做，希望伟嘉能帮他讲解，然而伟嘉一看时间马上就到了，又看了看题目，觉得很简单，便对他说：“这道题这么简单，你自己想吧，我还有事呢！”然后就一甩胳膊走了。王坤为此十分生气，很长时间都不理伟嘉。

事例中，虽然伟嘉并不是有意要拒绝王坤的，但对方并不知情，反而以为他讨厌自己甚至讽刺自己，结果就给对方的心里留下了阴影。其实，在现实生活中，这样的例子时常发生，这就要求我们无论事情有多么紧急，在拒绝他人时都要以诚恳的态度，让对方明白你拒绝的真正原因，否则就会造成误会。

4.拒绝的态度既要温和又要坚定

当你仔细倾听明白别人的要求后，并且自己无法或无力帮忙，需要拒绝的时候，说“不”字的态度既要温和又要坚定，尽量避免用模糊那一类的回答。

5.多一些关怀与弹性

拒绝他人时除了委婉拒绝或者提出替代的办法外，隔一段时间还要主动关心一下对方的情况，看看事情是否已经妥善解决了。有时候，拒绝他人需要很长的一段时间，对方会不定时地提出同样的要求。若能由被动变成主动而关心对方，并让对方明白自己的苦衷与立场，就可以避免拒绝他人时的尴尬与影响。当双方情况都有所变化时，就有可能满足对方的要求。

在拒绝过程中，除了使用技巧，更需要有发自内心的耐心与关怀。若只是随随便便地敷衍了事，对方都看得到。这样做，有时会让人觉得你是一个不诚恳的人，对你的人际关系伤害会更大。

6.听完对方的诉说之后再说“不”

任何人都不希望被拒绝，也都不愿意拒绝别人，但很多时候，有些原因就是客观存在着，它让你不得不选择拒绝。因此，你必须要让对方了解这个客观存在着的原因，这就要求你必须严格倾听对方的诉说，而后你才能结合你的难处拒绝对方。

技巧8 入情入理的话让交流变交心

交流是最普遍的行为，如何才能让一场简单的交流变成彼此间的交心，如何才能通过交流获得对方的心，这就需要交流着秉持着一颗“至诚的心”。

由于说话态度不同，语言既可以成为建立和谐人际关系的强有力的工具，也可以成为刺伤别人的利刃。在与人交流时，用真诚的态度，会招人喜欢，易于被人接纳。入情入理的话，一方面显示交谈者坦诚的态度；另一方面表示出尊重对方并为对方着想。这样无论在交易原则上，还是在人的情感上，都进行了沟通，达成了共识，促使合作成功。

松下电器公司还是一家乡下小工厂时，作为公司领导，松下幸之助总是亲自出马推销产品。在碰到杀价高手时，他就说：“我的工厂是家小厂。炎炎夏日，工人在炽热的铁板上加工制作产品。大家汗流浃背，还努力工作，好不容易制出了产品，依照正常利润的计算方法，应当是每件××元承购。”

对手一直盯着他的脸，听他叙述。听完之后，展颜一笑说：“哎呀，我可服你了，卖方在讨价还价的时候，总会说出种种不同的话，但是你说的很不一样，句句都在情理之中。好吧，我就照你说的价钱买下来好了。”

松下幸之助的成功，首先在于他真诚的说话态度。他强调自己是依照正常的利润计算方法确定价格的，自己并无贪图非分之财之意，同时也暗示对方无讨价还价的余地。这就使对方调整角度，与其达成共识。

当我们与人交谈时，必须秉持着一颗“至诚的心”，不要流于巧言令色、油嘴滑舌之辈，并根据时间、场所和对象的不同，而将自己最好的一面通过“说话”表达出来，如此才能建立良好的人际关系，使自己融入群体之中。

罗马诗人帕利里亚斯·赛洛斯说过：“当别人真诚地对待我们的时候，我们也要真诚地对待他们。”真正站在对方的立场上，为对方着想，并全面分析双方的利弊得失，说话真诚，语气亲切随和，不卑不亢，人情入理，这是成功打动对方的诀窍所在。

第四章 从容应变，把话说得恰到好处

鲁迅先生说：“‘急不择言’的病源并不在没有想的工夫，而在有工夫的时候没有想。”从容应变就是当交际场合出现尴尬局面时，能够迅速、恰当地通过一句或者几句妙语来应对，从而摆脱尴尬的境地。要想如鱼得水、得心应手地化解尴尬的场景，需要经过扩大知识面、历练口才、提高反应速度，如此才能够练就巧言舌辩的技巧。

技巧1 进退两难时，能含糊其辞应对

在现实生活中，我们常常会遇到一些进退两难的话题，遇到这个问题的时候，一定要小心谨慎地对待。能否回答这种进退两难的话题，体现出一个人解决问题的能力。

当我们面对别人的刁难和两难问题时，不必发愁怎样回答，只要用模棱两可、含糊其辞的语言去面对，不仅可以化解问题，甚至还可以让对手掉入自己设计的圈套。

我们不能用语言伤害别人，但我们也不能让没有口德的人伤害我们自己。遇到进退两难的问题，说些含糊其辞、模棱两可的话是一种权宜之计，它能

有效地缓解对方的攻势，为自己保存力量，并伺机进行反攻。

王元泽是宋代著名政治家、文学家王安石的儿子，自幼聪明伶俐、能言善辩。在他5岁的时候，一位客人给王安石送来两只笼子，一只笼子里装着一只獐，另一只笼子装着一只鹿。客人想验证一下王元泽是不是真的像传言的那样聪明伶俐，便笑着问王元泽："你能知道哪一只是獐，哪一只是鹿吗?"

王元泽第一次见到獐和鹿，哪里能分辨出什么獐鹿来，但他稍加思考，马上回答说："獐旁边那头是鹿，鹿旁边那头是獐。"

从王元泽的故事中，我们就可以看出，含糊其辞其实也是一种智慧。王元泽如果老老实实地回答"不知道"，那就不会显示出他的聪颖和机智，也就不能引起客人对他的才华的赞赏了。

对于那些不好明说的话，说话含蓄一点儿、模糊一点儿，就能避免别人抓住自己的把柄。比如你经常看新闻，你会看到记者在采访一些明星的时候，明星们的回答一般都会用"可能吧"、"我也不敢肯定"、"也许是"，等等的话语。说话本应准确、清楚。但是，有时我们说话不得不模棱两可。模糊和精确是相对而言的，交际中，我们应当根据现实的要求对语言的模糊性做出控制，灵活地表达出自己说话的目的和效果。

技巧2 勿较真，求同存异万物生

当别人说错话的时候不要较真儿，要包容对方的错误。如果能做到这一点，相信你一定会因为你的人品而得到很多朋友和获得成功的机会。

有些人特别较真儿，喜欢什么都弄个明白，一旦和他人起了争执，只要他们占了理，就跟别人争执不休，让他人大呼吃不消。这种人不分场合，不注重个人形象，凡事只考虑对和错，少了一些人情味儿。

张宝光是个大才子，不仅能诗善文，而且还善于辩论。按理说张宝光拥有如此好的口才，应该有很多朋友才是，但事实却并非如此，主要是因为他是一个较真儿的人。

有一次，张宝光与几位朋友一同去参加一位朋友的婚礼，本来是很喜庆的场合，张宝光却因为司仪的一句话而把场面搞得很尴尬。

席间，司仪说："在座的朋友都知道，新郎、新娘是名副其实的'青梅竹马'，在这里我给大家解释一下这个成语的来历：相传宋代的女词人李清照，她与她的丈夫赵明诚自小相爱……"司仪的解释显然是错误的，但是在场的人出于礼貌，谁也没去说破，但是张宝光却忍不住大声在台下说道："你说错了，这个成语是李白写的……"顿时，那个司仪的脸上红一阵，白一阵，但是对方又是个嘴硬的人，便接着说："这位先生，您说是李白写的，有什么证据吗？"

张宝光得意地说："当然有了，这个成语出自李白的《长干行》……"这样一来，那个司仪面子尽失，场面顿时也冷清了许多。这时候，新郎很不高兴地将他叫到一边说："人家是来帮忙的，你跟人家叫什么劲儿呀！这是结婚啊，又不是学术辩论会！平时大家都不愿意与你交往，就是这个原因……"

张宝光就是一个典型的较真者，不看场合、不分地点，一定要辩个明白，一定要证明自己对了、别人错了，而他的朋友也一针见血地指出其偏执的危害："平时大家都不愿意与你交往。"这就是没有口德所付出的代价。

在参加婚礼的人看来，张宝光的争辩只是为了显示自己博才多学、与众不同，这种爱出风头、不懂情理的人，别人是不会跟他交往的。人与人之间的关系是相互的，不包容别人犯的错误，又怎能得到他人的谅解和包容？

其实，很多事情没有必要争个明白，只有求同存异，万物才能共同生存，人与人才能和睦相处。当然，如果你真的要分出个对与错也不是不行，你完全可以在私下里跟对方说，如此，你让对方知道了错误，又不让对方丢失面子，对方会从心里感激你。

任何人都有犯错的时候，尤其是说错话，如果你正好听到了，千万不要较真儿。相信能做到这一点的人很多，但是有人在你背后骂你，正好被你听到，你依然能包容对方的错误，那么你拥有的良好的人品一定能为你赢得很多的朋友。

技巧3 能说会道，巧言舌辩打圆场

语言的力量是能赢得人心的，通过良好的口才，陌生人之间的隔阂可以消失，人与人之间的矛盾可以化解。

在交际中，我们在为他人打圆场的时候也要用到巧妙的语言。所谓打圆场，就是交际双方处于争吵或处于尴尬的处境时，由第三者出面进行调节的一种方法。

越会打圆场，越显得一个人为人处世的成熟，当你为别人打圆场后，矛盾的双方都会因此而感激你，让你在人际关系中左右逢源。

从前，有个理发师傅收了一个徒弟。徒弟学艺3个月后，师傅就让他出师了。他给第一位顾客理完发，顾客照照镜子说："头发留得有点儿长。"徒弟很年轻，不知道怎么接话，师傅在旁边笑着解释："头发长显得含蓄，这叫藏而不露，很符合您的身份。"顾客听罢，高兴而去。

徒弟给第二位顾客理完发，顾客照照镜子说："头发留得太短了。"徒弟又不知道怎么接话，师傅笑着解释："头发短显得精神、朴实、厚道，让人感到亲切。"顾客听了，欣喜而去。

徒弟给第三位顾客理完发，顾客边交钱边嘟囔道："剪个头花这么长的时间，我的时间可是很宝贵的。"徒弟还是不知道怎么接话，师傅马上笑着解释"为'首脑'多花点儿时间很有必要。您没听说：进门苍头秀才，出门白面书生吗!"顾客听后，大笑而去。

徒弟给第四位顾客理完发，顾客边付钱边埋怨："这理发用的时间也太短了吧，20分钟就完事了。”徒弟心中慌张，不知所措，师傅马上笑着抢答：“您是做大生意的，我们这是为您节约时间，您何乐而不为?”顾客听了，欢笑告辞。

故事里的这位师傅能说会道，他机智灵活地“打圆场”，每次都得体地让徒弟摆脱了尴尬，让顾客转怨为喜，高兴而去。他成功地“打圆场”的经验给了我们诸多启示。取悦对方是“打圆场”的一个技巧，如果从上面这个故事来看，师傅以“动听”的话语打动顾客，求得顾客的欢喜，是师傅成功取悦对方、成功“解围”的关键。

有时候，当人们因固执己见而争执不休时，造成僵持的局面难以缓和的原因，往往不是双方的看法本身，而是彼此的争胜情绪和较劲心理在作怪。

实际上，人们对某一问题的看法本身常常都会因为环境变化和角度的转移，从而产生不同乃至对立的看法都有可能是合理和正确的。因此，在打圆场的时候要善于灵活分析问题，让对方都站在彼此的角度好好地想一想，从而让双方停止无谓的争论。

技巧4 借对方的口说出自己想说的话

“以子之矛，攻子之盾”是一种巧妙的辩论方法，它不仅让对方无话可说，还让其心服口服。其实，它就是把自己要说的话借对方的口说出来，从而达到自己的真实目的。

生活中，常常会与人有意无意地进行辩论。辩论的过程实际上是证明和反驳的过程。反驳就是引用已知为真的判断为根据，来确定另一判断的虚假性的论辩过程。从某种意义上来说，它是证明的一种独特的辩论形式。

在辩论中，我们常常用到归谬法。所谓的归谬法是反驳对方论题的一种非常有力的方法。列宁的演讲之所以有如此“非凡的说服力”，这是同他熟练地运用归谬法分不开的。马克思、恩格斯、毛泽东等伟大的革命家在自己论战性的著作中都是极其出色地运用了归谬法的。归谬法的最大特色是：以子之矛，攻子之盾。它的论证过程是：以退为进，导入荒谬；反戈一击，驳倒对方。也就是说，为了驳倒对方的论题，先假定承认对方的论题是正确的，然后，在这个假定正确论题的基础上进行推理，并导出明显的荒谬结论，最后，由否定这个荒谬的结论到否定对方的论题，从而完成反驳。由于归谬法是一种演绎推理，所以，它具有不容置疑的逻辑力量。

阿凡提打算惩戒贪婪而愚蠢的国王，于是在沙滩上假装种金子。国王打猎经过这儿，好奇地问：“阿凡提，你在这儿干什么呢？”

阿凡提恭敬地回答：“陛下，我正忙着种金子呢！”

国王听了惊诧不已，瞪大眼睛：“快告诉我，聪明的阿凡提，这金子种了又怎样呢？”

“尊敬的陛下，是这样的，现在把金子种下去，到了星期五，就可以来收割，把金子收回去了。”

国王满脸堆笑：“亲爱的阿凡提，你种子只有这么多，能发多大财呢？要种就多种点。种子不够，尽管到我宫里来拿好了！要多少我就可以给你多少。不过，那得算咱们合伙种的，长出金子来，咱们二八分成，我得八成就行了。”

阿凡提装作勉强应允的样子。第二天，阿凡提到宫里拿了两斤金子，刚过一个礼拜，阿凡提就给国王送去“收割”的 10 多斤金子。

看到两斤金子换回了这么多金子，国王乐得合不拢嘴，立刻叫人把库藏的好几箱金子交给阿凡提种植。阿凡提把金子分给了穷人。

又过了一个礼拜，阿凡提垂头丧气地去见国王。国王一见阿凡提，笑眯眯地问："阿凡提，你身体好吗？金子呢？都拉来了吗？在宫门外吗？"

阿凡提突然号啕大哭起来，说："陛下，这次我们倒霉了！一连好几天滴雨不下，太阳烤得大地冒烟，咱们的金子都干死啦！别说收成，连种子也赔进去了。"

国王听罢，勃然大怒："阿凡提，你骗鬼去吧！金子哪会干死？"阿凡提说："陛下，您不相信金子会干死，怎么又相信金子种了能生长呢？"

一席话说得国王无言以对，只好自认倒霉。

在这个故事中，我们可以看到阿凡提正是凭借自己的智慧，让对方一步一步地落入自己早就布好的局中，然后彻底击败对方。

我们经常遇到一些蛮不讲理之人，对我们进行人身攻击，对于这些人，一定要找到对方话语的缺陷点，从对方的缺陷点进攻，让对方的话成为自己想说的话的铺垫。

齐国大夫晏子出使楚国，楚王存心要将晏子侮辱一番，于是令人在城门旁边挖了一个小洞，让晏子从此洞进城。晏子不进，对着周围等着看笑话的人群，装作十分惊讶的样子说："出使狗国的人从狗门进。今天我出使楚国，不应当从这个门进。"楚人讨了一脸没趣，只好引他从大门进了城。

罗蒙诺索夫出身于一个贫穷的家庭，他在童年时过着非常艰苦的日子。成名以后，罗蒙诺索夫依旧保持着简朴的生活习惯，毫不讲究衣着，埋头于研究学问。

有一个不学无术的家伙，看到他衣袖的肘部有个破洞，就指着窟窿挖苦般地嘲笑他："从那儿可以看到你的博学吗？先生。"

罗蒙诺索夫毫不迟疑地回答："不，一点儿也不。先生从这里可以看到愚蠢。"

晏子和罗蒙诺索夫所使用的斗争策略，叫做“以其人之道还治其人之身”。既然让我从狗洞进城，那进的自然就是狗国了；既然把我当作最无能的来使，那么你也就是最无能的君王了；既然你要借题发挥、讽刺挖苦，我当然要针锋相对、以牙还牙。

技巧5　巧妙化解，让不如意之事变如意

从另一个角度去解释事情，去分析事情，让听者听出不一样的味道，让不如意之事变如意。

在交际活动中，交际的双方或局外人由于彼此不甚了解，常常会做出一些让对方迷惑不解的举动，导致尴尬、紧张场面的出现。为了缓解此种局面，我们可以采用故意曲解的策略，假装不明白尴尬举动的真实含义而给出有利于局势好转的理解，进而一步步将局面朝有利的方向引导过去。

有这样一则小幽默：一位顾客坐在一个高级餐馆的桌旁，把餐巾系在脖子上，经理很反感，叫来一个招待员说：“你要让这位绅士懂得在我们餐馆，那样做是不允许的，但话要说得尽量委婉一些。”招待员来到那个顾客桌前，彬彬有礼地问道：“先生，您是要刮胡子，还是理发？”

试想，如果那位招待员只是生硬地让对方解下餐巾的话，对方一定不会同意，还会询问原因，而经理又强调不能让对方感到不快，那么招待员接下来的工作将更难进展下去。招待员的问话明为关心，实则暗示那位顾客这样

做是不文明的。由于他采用了声东击西的问法，显得委婉含蓄，一点儿也不咄咄逼人，既完成了经理指派的任务，又不会得罪顾客。

人们在交际中的困境与僵局之所以能使人“困”起来和“僵”起来，正是因为当事人自己没能从固有习惯的思维圈子中跳出来，而打圆场者若想成功，就必须跳出原有的思维模式，把引起发生困境的事物、事件和问题调换一个角度，重新向好的方面解释，从而诱导当事人认同这种全新的、入情入理的说法。

人们之所以在交际活动中陷入窘境，常常是因为他们在特定的场合做出了不合时宜、不合情理或有辱身份的举动，而旁人又往往不便于直接指出这种举动的不合理性，于是进一步导致了整个局面的尴尬或僵持。在此情形下，最为行之有效的打圆场的方法莫过于找一个视角或借口，以合情合理的依据来证明对方的举动在此时是正当的、无可厚非的，这样一来，个人的尴尬解除了，正常的局面也得以继续下去。

面对一些突如其来的窘境，在当事人无法解释、无力摆脱与无可奈何的时候，第三者往往可以跳出思维定式，从问题、事物或事件的反向去思考，做出让对方欢喜、满意的解释，这也是打圆场中较高层次的方法。

一位中国人去美国探亲，他的姐夫在西雅图开了家餐厅。一天，他正帮大姐洗碗，忽然店堂传来一阵喧闹声，原来，餐厅为招揽生意，每当客人离座时，总要奉送一盒点心，内附精致的“口彩卡”一张，上面印有“吉祥如意”、“幸福快乐”等吉利话。

眼下，店堂里的一对新婚夫妇原是老主顾，昨天他俩满怀喜悦地光顾。这天上午，他们打开点心盒，意外地发现竟没有往常的“口彩卡”。新郎还算克制，只是追究原因，新娘却委屈得快要落泪了。身为招待的外甥女自知忙中出错，急得张口结舌，大姐不断地赔礼道歉仍无济于事。去探亲的这位弟弟不慌不忙地跨到大姐跟前，微笑着，用不熟练的英语说道：“No news is the best news!”（没有消息就是最好的消息）一句话使新娘破涕为笑，新郎也顿时喜上眉梢，高兴地和他握手拥抱，连连道谢。

这句平息风波的妙语就是反向思考的结果。没有吉利的话当然不好，但是否就是绝对的不好呢？反过来想一下，就想到了美国的一句谚语：“没有消息就是最好的消息。”妙语一下子就找到了，而因此引起的麻烦自然也就消除了。

技巧6 随机应变，巧言妙语化解尴尬

在我们的生活中，碰上尴尬的事情是在所难免的。这个时候，我们完全可以随机应变，巧言妙语地回答，这不仅能够很好地化解尴尬，而且还会使气氛更加浓烈。

在我们的生活中，碰上尴尬的事情是在所难免的。面对尴尬的窘境，如果置之不理，会有损自己的尊严；如果斤斤计较，又会有损自己的风度；如果无所适从，会有损自己的形象；如果处理不当，又会激化矛盾。可是，如果随机应变，幽他一默，巧言妙语地回答，不但能够很好地化解尴尬，而且会使气氛更加浓烈。那么，化解尴尬的具体方法都有哪些呢？

1. 自嘲式化解

自嘲，顾名思义，就是自我解嘲、调侃自己。自嘲是一种幽默、一种智慧。如今人际关系那么复杂，想处理好它可不容易，一旦陷入尴尬境地，那么多人盯着你，不妨自我解嘲一下，既给自己找个台阶下，又能巧妙地缓和气氛。

著名诗人莫非应邀到首都师范大学中文系作家班举办学术讲座。诗人讲

到自己的诗作时，准备朗诵一段，可诗稿却放在一个学员的课桌上，诗人便走下讲台去拿。由于是阶梯式教室，诗人上台阶时，一不留神一个趔趄倒在第二级台阶上，学员们顿时哄堂大笑。诗人稳住身子，转向学员，指着台阶说："你们看，上一个台阶多么不易，生活是这样，作诗亦如此。"这一句富有哲理性的话语顿时赢得了热烈的掌声。诗人笑了笑，接着说："一次不成功不要紧，再努力！"说着，装着用力的样子走上讲台，继续他的讲座。

2. 反话式化解

林肯是一个富有幽默感的总统。有一次，林肯在擦皮靴，某外交官不无揶揄地问："总统先生，您总是擦自己的靴子吗？"林肯不动声色地回答说："是啊，那你是经常擦谁的靴子呢？"

林肯的高明在于他巧妙地绕开对方所提出的一个判断性问题，进而找出破绽，给对方回敬了一个特指性的反话。

3. 跳跃式化解

1972年，尼克松访问中国。有一天，登长城的时候，他因为腿疾只上了三层石级，就站着不动了。于是有记者问他："总统先生，您为什么不登上最高峰？"尼克松轻松地说："昨天我与毛泽东的会见已经是最高峰了。"

尼克松的高明也在于他善于跳跃，巧妙地避开私事谈国务，虽然答非所问，却能趣在言中。

4. 自圆式化解

某主持人在主持一次知识问答类节目时，问道："在某小国的公园里，常常有武士模样的人摇着铃铛走东串西，这是干什么的?”

参赛者的回答各种各样，可是结果都是错的。最后这位主持人揭开谜底：“这是卖茶水的人。”主持人看见参赛者情绪有些低落，赶快补上一句：“看来这地方的水真是太宝贵了，卖茶水的人也穿戴得这么漂亮，把我们都迷惑了。”

这句话看来很平常，可一声“我们”，却拉近了双方的距离，化解了参赛者由于回答错误带来的尴尬；一个自圆其说的解释，消除了参赛者心中的不快，避免了可能出现的冷场。

技巧 7　巧妙避开不方便回应的问题

对一些自己不能回答或不便回答的问题，要答得巧妙，达到躲闪、回避别人问话的目的。既要让别人不至于难堪下不了台，又要维护自己不能答、不便答的原则。

现实生活中，人们在进行言辞交往时，经常会碰到一些自己不能回答或不便回答的问题。对此，又不好不予理睬、拒而不答，这时，只有想方设法地回避一下才是上策。一般说来，当你对别人的问题采取回避回旋的策略后，别人就不会再不知趣地穷追不舍了。

回避是言语交际中从礼貌的角度出发的，它的要求是：对别人所问，应当回答，但答要答得巧妙，迂回地达到躲闪、回避别人问话的目的。既要让别人不至于难堪下不了台，又要维护自己不能答、不便答的原则。

清初，有位诗赋名家叫周宛云，当时慕名请教的人络绎不绝，都以能见他一面、聆听他的教诲而深以为幸。

刚开始时，周宛云见别人千里迢迢向他求教，格外尽心，对是非曲直、好坏褒贬，一点也不隐瞒，以为只有这样，这些求教于自己的人才会有所收获。谁知这些人拿着诗稿都是兴冲冲而来，经他批评一番之后，一个个垂头丧气而去。时间一长，外面议论周宛云老先生的话便多了起来：有人说他狂傲，有人说他自以为是，有人说他浪得虚名，有人说他黑白不分等，不一而足。

周宛云老先生十分后悔，对朋友诉苦说："我既不想招来别人的怨恨，更不想把他们狗屁不通的诗说成是天下绝作，这该如何是好呢?"朋友淡然一笑，抚慰他说："你呀！既不说他诗好，又不说不好，只说一句'真不容易'不就结了?"

周宛云老先生豁然开朗，对朋友这一妙招点头称是。

这一天，又有位老头骑着毛驴带着上百篇诗稿前来向他求教，他改变以前的做法，和颜悦色地问老头："您作诗到如今有多少年头了?"老头颇为自豪地说："快40年啦！"周宛云老先生用手拍拍诗稿："在40年里，竟能做出100多篇诗来，真不容易呀！"老头连连说："哪里哪里！"心满意足而去。

从此以后，向周宛云请教的人都高兴而来，满意而归。他们回去都向别人说："宛云老先生说我的诗不容易，真是有眼光！"

若是遇到不合理的问题，不好正面回答时，可以采取巧妙回避的方法，比如说可以转移话题，也可以给个似是而非的答案，也可以空泛地回答。

现实生活中，常常有人说话不自觉地就问到了禁忌之处，比如有人问到了你的工资，可是你觉得这是个人隐私，又不好指责他不该问，就可以说"刚刚维持生存啦"、"算是进入小康了"等空泛的概念，或者可以说："和你的差不多。"这样说话既不会得罪人，也没有说出自己不愿说的话。

著名影星孙悟空的扮演者六小龄童，在一次记者招待会上，有一位记者问他：“当初谈恋爱，你和于虹谁追的谁？”六小龄童回答：“到底谁追谁，有什么重要？我们都没有想过要‘追’对方，因为不是在赛跑，一个在前一个在后，我们是夜色中的两颗星星，彼此对望了几个世纪，向对方眨着眼睛，传递着情意。终于有一天，天旋地转，我们就像磁石的两极碰到一起，吸在一起了。”

六小龄童根本就没有回答对方的问题，而是一开始就否定了对方问题的前提，即认为两人谈恋爱不一定是一方主动追另一方，随后便对两人的爱情作了一个浪漫、精彩的比喻。这样既回答了记者的提问，又没有透露自己的隐私。生活中，遇到有人打听隐私的时候，这不失为一个好办法，从一开始就否定对方的问题，自然也就不用按照他的提问来回答了。

如果对方提出的是我们不能回答或不想回答的问题时，你可以巧妙地利用其他因素转移话题，让对方无法得到想知道的答案。

在千变万化的生活中，什么样的怪问题都可能碰到，而对付这些怪问题的最佳方案，就是做出迅速灵巧的变通，切不可被对方的问题困死而陷入被动。

技巧 8 遭遇冷场时，把话题引向另一个新话题

与人谈话遭遇冷场时，如果我们能够巧妙地接答对方的话茬，把原来的话题引向另一个话题，使谈话转变一个角度继续进行下去，那么，谈话场面就会很快热起来。

在交谈中，避免冷场是谈话双方共同希望的，但万一出现冷场时，你还是要有所准备。很多人在和陌生人交流的时候，因为事先并没有时间和精力去了解对方，在交流中往往会出现冷场的局面，这种局面令大家都很尴尬。因此，我们有必要在适当的时候引出适当的话题，既能让对方明白你的意思，又不至于让双方都变得很尴尬。这种情况特别是在请求别人帮助你做什么事情的时候，更是需要。因为一般你在求人帮助的时候，往往都不是单刀直入的，而是在经过一段时间的寒暄之后才提出来的，这就需要运用一个技巧和把握时机，话题该怎么提出来，又该怎么过渡，这也是一种说话的学问。

没话找话说的关键是要善于找话题，或者根据某事引出话题。因为话题是初步交谈的媒介，是深入细谈的基础，是纵情畅谈的开端。没有话题，谈话是很难顺利进行下去的。

茱莉和艾伦是同事，但是互相都不太熟悉，礼拜一早晨，他们聊了起来。

茱莉：哦，上个周末我家可热闹了。我的父母，还有姐姐一家三口，在我家玩了一整天，我又是做饭，又是陪他们玩儿，他们走后，我又把房间收拾了一遍，可把我累惨了！真想好好休息一下。

艾伦：真是够累的！但是上个周末，我生病了，所以我什么也没做，就

在沙发上躺着看电视了，我看了一场台球比赛，奥沙利文的斯诺克打得太棒了！真是大饱眼福……

茱莉：真的吗？……可惜我错过了……我其实更喜欢音乐。我看了关于爵士乐的录像，我十分喜欢那一类音乐。

谈话就此结束，两个人都觉得很是郁闷。茱莉对台球知之甚少，当艾伦谈到台球比赛时，她感到不舒服，觉得自己很无知，如果继续这个话题，她的这些缺点将暴露无遗，所以，她改变了话题，结果造成了冷场，彼此都觉得很尴尬。

如果我们能巧妙地接答对方的话茬，把原来的话题引向另一个话题，使谈话转变一个角度继续进行下去，那么，场面就会很快热起来。例如：艾伦可以不谈台球比赛，而把话题转到两人都喜欢的家庭类、感情类、生活类的话题，相信两人一定会谈得很愉快；假如艾伦不小心谈到了茱莉不喜欢的台球比赛，茱莉也可以称赞一下艾伦的兴趣广泛，然后赞美一下桌球后，把话题延伸到两人感兴趣的地方。这样才能变“生”为“故”。

要做到变“生”为“故”，首先得看准情势，不放过应当说话的机会，适时插入交谈，适时地“自我表现”，以便让对方充分了解自己。交谈是双方活动，光了解对方，不让对方了解自己，同样难以深谈。陌生人如能从你“切入”式的谈话中获取教益，双方自然会亲近。

许女士到医院里就诊，坐在候诊大厅里，邻座坐着的一位大姐很健谈，大姐主动问她：“你是来看什么病的？听口音不像本地人，你老家是哪里的呀？”当她得知许女士是山东青岛人时，很高兴地说：“青岛非常美，我以前出差多次去过……”许女士便问：“那您在什么单位工作呀？”于是她们亲切地交谈起来，等到就诊时，她们已经是熟悉的朋友了，分手时还互邀对方做客。

熟悉的事物总能唤起人们心中强烈的温馨感和怀旧情绪。当我们与陌生人交谈时，如果尽说一些对方知之甚少的话题，只会使两个人更加疏远；相反，如果能根据对方的背景，多谈一些对方熟悉的事物，则能够经常勾起对方的回忆，使其“爱屋及乌”，对我们产生亲切熟稔之感。

另外，初次的会谈往往因为谈话主题受限而结束，或是因为话不投机而使谈话突然中断，这时我们可以利用身边的事物为话题。其实话题是很容易发掘的，如：“你家小狗好聪明喔！”“这地方的装饰真别致！”只要你多用心去观察，身边的一草一木都可以成为话题素材，这些话题不但轻松自然，还可以拉近你与对方的距离，增进亲切感。

最后，我们在与对方交谈时，还要留些空缺让对方接口，使对方感到双方的心是相通的，交谈是和谐的，进而使双方之间的距离缩短。因此，聪明的人们和对方交谈，千万不要把话讲完，把自己的观点讲死，而应虚怀若谷，欢迎探讨。

第五章 稳重实在，把话说得真实可信

人们在形容一个人在思想、行动上有较强的独立性、能够控制自己的情绪时，经常用“稳重”这个词来形容。虽然稳重的人在语言表述上不会过多地使用甜言蜜语，却能给人踏实、可信的感觉。

技巧 1 树立沉稳的形象，让人看着舒心

生活中需要更多地保持成熟稳重的形象，不要说一些与形象不相符的话，这样才能得到他人更多的信任。

如果你穿越到三国，你对面正坐着张飞和关羽，二人正在为某件事争辩得面红耳赤，如果这时让你选择听信其中一方的言论，相信大多数的人都会选择关羽。

原因很简单，第一印象。两个人虽然都是武将，但是相比较张飞来说，关羽显得更加沉稳；而张飞给人的第一印象是暴躁。所以，当两个人互相辩驳的时候，人们普遍的反应便更偏向于相信稳重靠谱的关羽。就算是张飞说得再头头是道，人们也会将更多的信任分投向关羽。从这个方面来说，为了让自己在人际交往的过程中得到更多的信任，一定要戒急戒躁。

当孙叔敖担任楚国高官的时候，全国很多官吏都来道贺。在这前来道贺的官吏中有一个年岁很高的长者，不仅没有任何的祝贺之词，还戴着一顶白色的帽子，穿一件粗布衣。即使是这样，孙叔敖不但没有怪罪他，还礼貌地接待了他，并且耐心地询问这位老者前来吊问的缘由。

老者说，如果身份很高贵的人对人态度傲慢，老百姓会将他除掉；如果身居高位却想独揽大权，国君就会厌恶他；如果有丰富的俸禄还不知足，那就无法长久。做官的就应该是官职越高越没有架子；职权越大，越小心；俸禄越多就更不应该贪求。如果能够谨守这三条，就能够更好地协助治国。

试想一下，如果换作一个鲁莽的人，自己好不容易官居高位，却来了这样一个不速之客，唯恐避之而不及，更别提听这位老者讲大道理了。然而，孙叔敖作为一个成熟稳重的人，在与老者进行沟通的时候，能放下自身的架子，不为突如其来的变数或者不协调而大动干戈，谦卑地听取他人的建议，这也正是孙叔敖在社会群体中获得更多支持、树立正面积极形象的好方法。

口才的训练并不是一直不停地说，而是在该说的时候用于表达、不该说的时候懂得听别人说、懂得闭嘴。

1.不该说的不说

不该说的不说是很多长辈在教育晚辈时候经常说的话。确实如此，在人与人的沟通中，最忌讳的就是不该说话的时候不停地说以及不该说的话瞎说。如果在大家都非常愤怒、需要时间冷静的时候，即便是想缓和紧张气氛，也不要随便张口。同时，在自己还不明白别人的来意，也没有听清楚别人所说的话，就不要因为一时的愤怒而开口。祸从口出，说的正是这个道理。

2.急话慢慢说

遇到急事，如果能沉下心思考，然后不急不躁地把事情说清楚，会给听者留下稳重、不冲动的印象，从而增加他人对自己的信任度。

3.暗示自己保持稳重

人与人之间的交流存在着一种无形的气场，而你的气场强弱是否与他人相符取决于你的气质。良好、积极的气质也是在平日的谈吐、处世中体现出来的，这需要在平日里忘掉一些令自己激动的因素，对待任何事情，就事论事，不带太多的个人主观因素，这样就能保持一种更加中立的立场，也更容易成为大家信赖的对象。

4.不开低级趣味的玩笑

说话有分寸、讲礼节，内容富有学识、词语雅致，是言语有教养的表现。当然，在与人交流的过程中，还要尊重和谅解别人，不要随便开低级趣味的玩笑，如果为了营造气氛、迎合他人的品位而经常开一些没有意义的玩笑，只能让人觉得你这个人本身也是低级趣味的，与稳重相去甚远。

5.不作无谓的争执

脾气急躁、爱惹是生非的人往往给人一种爱出风头、爱争执的印象，遇到任何跟自己的意见相左的观点时总是喜欢作一些争执，非要分出一个高下，有时候甚至是说错了，将白的说成了黑的，他们也喜欢固执地再次将白的说成黑的。无谓的争执会给人不好相处、强势的印象，所以，在与人交流的过程中，一定不要过于执着、誓死分出高下。

技巧2 如何让自己的内心沉着冷静

在问题面前，有的人惊慌失措，有的人却沉着镇定，这两种不同的状态所引出的结果也大为不同。

沉着冷静是一种良好心态的体现，也是一个人成熟稳重的重要标志，这种素质不仅能够帮助人们在危急的时候化险为夷、在紧急的时候顺利完成任务，而且还能增强一个人的气场，提升一个人的魅力。

米娜大学毕业之后一直没有找到合适的工作，经历了漫长的过程后，她终于在一家高级珠宝店谋到了一份差事。

一天晚上，轮到米娜值班，她微笑着友善地招呼每一个前来柜台选购珠宝的顾客，耐心地解答顾客提出的问题。因为只有自己一个人，在高峰期的时候，米娜有点儿应接不暇。

晚上7点钟，来店里逛的顾客高峰过去后，人渐渐少了起来，店里也慢慢安静下来。

正当米娜松了口气、准备坐下来休息一会儿时，店里突然进来一位衣衫褴褛的年轻人，只见那个人神情紧张，鬼鬼祟祟地盯着柜台里的那些珠宝首饰。正在这个时候，柜台上的电话铃响了，米娜起身去接电话，却一不小心碰翻了柜台上的一个碟子，里面的6枚宝石戒指掉落到了地上。米娜急忙去捡掉到地上的戒指，但是找了好一会儿也没有找到第6枚戒指。

此时，米娜抬头看到刚才进店的那个男人正慌慌张张地转身往外走，她觉得非常不对劲儿，顿时明白第6枚戒指在哪里了。想到这里，米娜的心立马跳到了嗓子眼里，但几秒钟过去之后，她便镇定下来，深吸了一口气，平静地叫住了那个正要推门出去的男人。

米娜说："您好，先生！"

听到米娜在叫自己，那个男青年转过身来问道："有什么事情吗？"

米娜注意到男青年的脸因为紧张而不停地抽搐着。男青年见米娜一直看着自己，却迟迟不开口说话，更加紧张不安。沉默了几十秒后，那个男青年终于按捺不住内心的不安，再次问道："有什么事情吗？"

米娜这才不慌不忙、不紧不慢地对男青年说："先生，这是我的第一份工作，现在找份工作真难，您觉得呢？"

那位男青年非常紧张地看着米娜，过了一会儿，他抽搐的脸上浮现出了一丝笑容："找工作确实不容易。"

两个人对视了一会儿后，米娜微笑着说："我希望您能祝福我能保住这份工作。"

听完米娜的话之后，男青年愣了一下，随即走到米娜面前，将紧握拳头放在米娜的手上说："祝你工作顺利"。

米娜立即紧紧握住男青年的手说："同样祝您好运！"两只手紧紧地握在一起。

男青年转身离开后，米娜摊开手掌，刚才丢失的第6枚戒指出现在米娜的掌中。

试想一下，如果在现实生活中，你遭遇这样的情况会作出什么样的反应呢？相信大部分人会吓得大喊大叫，直呼"抓小偷"。如果你足够幸运的话，这么做或许能帮助你解围、找到丢失的戒指，但如果你面对的是一个专业的、穷凶极恶的歹徒，那后果将不堪设想。米娜深知这么做的风险性，所以她选择沉着冷静地应对，正因为这样，她才得以摆脱险境，并且成功地找回了丢失的戒指。

在遇到突发事件或者紧急事情时，惊慌失措于事无补，甚至会让事情恶化，最好的应对方法应该是保持冷静、沉着镇定，只有这样，才能帮助自己于乱中取胜。那么，如何拥有这种从容不迫的应变能力呢？在此，以下列出几点建议：

1.增强自信

那些一遇到大事、急事就慌张的人，其内心必定没有足够的自信。正是因为怀疑自己的能力、担心自己处理不好事情，心里才会感到不安，越不安就越慌乱，越慌乱就越表现不好，越表现不好就越没有自信，如此恶性循环，镇定从容也就遥遥无期。

2.学会有效控制自己的情绪

在现实生活中，那些一遇到一点儿变化和突发事件就惊慌失措的人，往往不能很好地控制自己的情绪，他们情绪一失控，就变得手足无措、慌张不已。所以，想要拥有沉着冷静的心态，你应该学会有效控制自己的情绪。比如在你感到六神无主、不知所措的时候，尝试深呼吸，并且不断提醒自己：“冷静，一定要冷静！”只要情绪稳定了，处世也会从容镇定许多。

3.拥有一套属于自己的处世风格和原则

在处理问题时，我们要有自己的主见、相信自己的决断，这样可以锻炼自己在关键时刻果断定夺的能力。有了这种能力，即使遇到再棘手的事情，也可以沉着从容地应对。

4.训练处变不惊的本领

我们并不鼓励每个人真实地表现自我，但是，在需要掩饰的时候还是要好好隐藏自己内心的那份冲动，这样才能在社交场合成熟稳重地处世。毋庸置疑，面对同一件事情，惊慌失措、六神无主和沉着镇定、泰然自若这两种状态所引出的结果是有着很大差别的，因此，在遇到这样或那样的突发事件时，如果想要顺利解决，你就应该学会沉着冷静应对，镇定从容地说出自己的看法。

技巧3 如何让自己的话更有说服力

俗话说有理不在声高，在与人交谈的过程中，说话要有理有据、言之有理，对于没有把握的事情不要随便做出承诺，应三思而后说。

当自己开口说出的话，当场就被人否定，肯定会心里不舒服，这是正常现象，但如果就此气馁，那便永远也得不到能够说服他人的口才。优秀的演讲者所说的话具有说服力，如果仔细听，便可以发现，他们在讲述一个问题的时候往往会引入具体的数据和案例，来支持自己的观点，让自己的话语更有说服力。

如果想要在表达的过程树立这样的形象，有以下要注意的几个关键点：

1.适当引入数字，让话语更深入人心

如果你要劝大家每天坚持看书，那么，你可以用这段话来告诉大家，“如果每天花 10 分钟看 10 页有用的书，那么每年就可以看 3600 多页书，30 年后便是 11 万页书。你是选择做一个学者，还是选择做一个成天只顾玩游戏的人?”是不是会比直接说“每天坚持看书能够让你成才、让你增长见识”更有说服力，这便是数字的用处。在与人交谈的过程中，如果想让自己的话语更有力度，可以适当地加入数字，用数字来说话。

2.锻炼使用“因为”和“所以”，让语言经得起推敲

逻辑思维能力是一个人在说话过程中能够得到别人认可并且能够带领大家思路的重要素质。很多人的逻辑思维没有问题，但在表达的时候却容易前言不搭后语，出现紊乱，这便严重影响了自身的可信度。这不仅需要多掌握知识，还需要在平时的日常交流中加以注意。可以在表达之前想清楚事情的原因、经过、结果，按照这个顺序将事件阐述出来，如果一次不行，训练两次、三次，反复训练，让话语跟上思维，逐渐前后连贯。

3.不要做传声筒，对没有把握的事情谨慎处理

一些人在听到别人趣闻的时候觉得很新鲜，往往不假思索就传达给其他的人，也有一些好打听他人隐私的人喜欢将别人的事情宣传出去。为了不让自己成为一个不可信的人，不要瞎说话。随随便便当传声筒的人是最不容易让人信任的，也最容易被他人排挤，即使为了训练口才，也不要做类似的事情。

4.开口之前想清后果，实现不了就不要承诺

人们常常说，没有金刚钻，别揽瓷器活儿。在与人交流的过程中，能够实现诺言、助人为乐当然是一件好事，但如果根本实现不了承诺，那就不要轻许承诺。你的一句承诺可能变成别人的期望，期望一旦落空，你再说任何话，别人都不会相信。对于内向的人而言，说得比较少，做得比较多，即便如此，也要仔细思考自己是否能做到之后再承诺。

5.狼来了的故事已经失效，不要做失信的人

狼来了的故事大家都知道，道理也都明白。而在说话的时候，往往不被引以为鉴。如果随意揣测他人的事情，说一些并不存在的事情，甚至搬弄是非，那么只会让你在人际交往中成为过街老鼠。要做一个成熟、有修养、认真、有责任感的人，不能让狼来了的故事发生在自己身上。

技巧4 用事例巩固自己的话，让对方放心

用事例说话，更能显示出你的成熟和话的稳重，让对方听得放心，让对方在事例里看到道理的验证。

当顾客反对和拒绝时，扭转这一局面，可以举例说明问题，这样可以使观点更易为顾客接受。人们在研究中发现，用10倍的事实来证实一个道理，要比用10倍的道理去论述一件事情更能吸引人。显而易见，生动的带有一定趣味的例证更易说服顾客。试比较以下两种说法，看哪种效果好。

甲：“使用这种机器，可以大大地提高生产效率，减轻劳动强度。它受到用户们的好评，订货量与日俱增。”

乙：“××钢铁厂使用了这种机器，生产效率比过去提高了40%，工人们反映这种机器操作方便，效率高，非常受欢迎。现在，该厂又追加订货10台。”

甲例中，推销员说明是由一连串简单的肯定句子所组成，缺乏事实根据，使人听了不踏实，无法让人信服。乙例中，推销员引用了一个实例和数据，有根有据，让人不可不信。下面再来看看两个巩固道理的实例。

某推销员在推销某品牌电冰箱时，用上了简单如火柴这样的小道具。推销员擦燃了一根火柴说对客户说："您听，我们的冰箱工作时无声无息，就像火柴燃烧一样安静。"

一位推销员曾向一个羊毛衫批发商演示他是如何推销一种新式牙刷的。把新旧牙刷展示给顾客的同时，给他一个放大镜，然后说："用放大镜看看，您就会发现两种牙刷的不同。"羊毛衫批发商学会了这一招。没多久，那些靠低档货和他竞争的同行被他远远抛在后面，从那以后他永远带着放大镜，再也不用不厌其烦地向顾客解释为什么价格高了。顾客居然那么容易就接受了这种鉴别方法，他的销售额直线上升。

商业活动最重要的是人与人之间的关系，如果没有交流和沟通，在取得对方的信任之前，许多生意是无法做成的。现实确实是这样，很多情况下，举出生动的例子，顾客最容易信服。对销售人员来说，接到销售信息的时候，一定要想办法了解清楚用户的购买动机，然后举例说服。

推销员引用例证，要注意例证的分量，越是切题的例子，就越具有说服力。在引用例证时，推销员应注意：

1. 讲真话。不可编造例子，要从事实中去搜集。

2. 要具体。不用笼统的概括，多用具体的实例，力求明确。

3. 求生动。讲述情节，引人入胜。

4. 切主题。所引例证是为证明自己的说法服务的，切忌驴唇不对马嘴。

技巧 5 注意说话时机，不该开口时请闭嘴

说话时，一定要注意说话的时机，不该开口的时候一定不要急着开口。你要时刻注意自己的身份，轮到你说话的时候，你再说话，这样对你是没有坏处的。

在社会上生存并不是一件容易的事情，我们更应该学会怎样说话，说话前一定要看好事情发展的情况，做出正确的判断后再表态。我们可以把社会当成是我们的课本，自己去实践、去体验，经过一番磨炼后，我们自然会成熟不少。

在生活中，该长者开口的时候，你抢在前面开了口，这样就显得你没有礼貌；在工作中，该领导发言的时候，你抢先发了言，领导会觉得你对他的位置有所威胁，必定会对你提高警惕，所以，在不该你开口的时候，最好还是缄口沉默。

刚走出校门的年轻人，总是会觉得自己很厉害，一副饱读诗书，自信满满的样子，但是进入社会，办起事情来就会处处碰壁，处处吃亏。其实，是我们过分信任书本的知识，以为到处可以通用，而忽略了社会的本质，把社会看得太理想化了，所以才会有种格格不入的感觉。当你进入社会的时候，应该要学会重新认识社会，只要你虚心学习、处处留意、日积月累、积少成多，不该开口时沉默不语，不去抢别人的风头，碰壁的事情自然就会减少很多，你的成功才来得更容易一些。

自作聪明的人，往往都是让人讨厌的人，逞一时之能，也会导致自己得不偿失。历史上的杨修就是因为不该开口时卖弄小聪明而最终害了自己。

有一次，塞北有人给曹操送了一盒精美的酥，曹操尝了一口，突然灵机一动，想考一下大臣们的才智，就在盒上写了“一合酥”三个字，让人送给大臣们。大臣们面对着这盒酥，手足无措。杨修看到盒子上面的字，竟然叫人分给大家吃了，大家问他：“丞相的东西没有他的批准，我们哪里敢吃啊?”杨修说：“是丞相说的啊，你看这几个字，一人一口酥嘛。”在场的大臣们都夸杨修聪明。随后曹操问到杨修，怎么敢把自己的酥分给大家吃，杨修很淡定地回答说：“盒上明明写的一人一口酥，我们怎么敢违背丞相的命令呢?”曹操笑而不语，可是心里却很讨厌杨修。

还有一次，曹操造了新的后花园，落成时，曹操去看，在园中转了一圈，临走的时候什么话也没有说，只是在园门上写了一个“活”字。工匠们百思不得其解，这时候杨修又站出来对工匠们说：“门上写个‘活’字，就是‘阔’，丞相是说这个门太宽了。”工匠们这才明白过来，立刻重修园门。完工以后，曹操看了很满意，问道：“是谁领会了我的意思?”大家都说：“多亏了杨主簿的赐教啊。”曹操表面称好，可是心里却很忌讳。

曹操出兵汉中，准备攻打刘备，被困在斜谷界口，想要出兵，又被马超据守，想要收兵回去，又害怕蜀兵嘲笑，心中正犹豫不决。正好在这个时候，厨师上了碗鸡汤，曹操看见碗里有鸡肋，于是有感于怀。正在此时，夏侯惇进来，问曹操夜间的口号是什么，曹操随口回答说：“鸡肋！鸡肋!”夏侯惇传令下去，说是：“鸡肋!”行军主簿杨修见到传“鸡肋”二字，便叫大家收拾行装准备回去了。有人报告给夏侯惇，他大惊，于是到杨修的帐中问是怎么一回事，杨修说：“从传来的号令上来看，便知道丞相不久就要回去了，所谓的鸡肋，吃起来没有什么肉，可是扔掉的话又会觉得可惜。就像现在的状况，进军不能取得胜利，可是退军又害怕别人耻笑，在这里没有什么益处，不如回去的好，想必明天一早丞相必然会班师回朝，所以先命大家收拾行装，免得明早出发的时候会慌乱。”夏侯惇说：“您真是明白丞相的心事啊。”于是大家都收拾东西准备回朝。曹操得知这件事情以后，把杨修叫来问他，杨修用鸡肋的意义回答。曹操很生气地说："你怎么敢造谣生事，乱我军心？"于是叫人斩了杨修，把他的头挂在辕门的外面。

在大家都没有说话的时候，若你自作聪明，急着把话说出口，即使你真的很聪明，但是说话没有选对时候，你觉得你会有好下场吗？就像杨修，虽然拥有满腹的才华，却自作聪明揣测领导的心思，胡乱开口，终于招来了杀身之祸。

在战场上，时机不到盲目地出击，只会落入对方的圈套。在和人交谈时，同样是这个道理，如果不了解情况，不该你说话的时候你随口乱说，反而会使情况变得更糟，所以，在开口说话之前，一定要注意了解情况，轮到你说话的时候再开口，只有这样才能够有针对性，能够起到应有的效果。那么，我们在什么时候应该保持沉默，又在什么时候开口说话最合适呢？

1.不了解情况的时候最好不要开口说话

有时候，不了解对方的情况就急于插嘴盲目地乱说，往往会给对方造成可乘之机，使自己遭受到很大的损失。所以，在不了解对方情况的时候，不要轻易地把话说出口，保持沉默是上策，等到你理解了对方的情况你再开口也不迟。

2.自己做不了主的时候不要开口说话

有时候，自己不能够做主，这时需要谨慎听明白对方想要表达的意思，你再开口说话。如果自己不慎把不该答应的事情答应下来了，到时候所有的问题只有自己来承担了，所以这时候也要保持沉默。

3.正在气头上的时候不要开口说话

当你或对方正在气头上的时候最好不要说话，如果你跟别人发生争吵，双方的情绪都很激动，那就等以后你们都冷静下来再开口，不该说话的时候你就最好保持沉默，以免造成不必要的麻烦。

技巧6 稳重的说话方式让言辞更圆满

没有人喜欢油腔滑调之人，稳重的说话方式让听众听起来更舒心，也更相信你。

在日常生活中，每个人的说话方式都不一样，而说话方式往往在一定程度上反映了人的性格特征，也决定了在人际交往中受欢迎的程度。稳重并且深谙话语之道的人在人际交往的过程中会衡量话语的轻重，会思索话语说出去之后作用于他人的结果，更多的会顾及他人的感受，而这种人在人际交往中会让人觉得舒适，也会让人觉得是会说话的人。

曾国藩家书中有这样的记载，咸丰八年，也正是湘军事业如日中天的时候，曾国藩的九弟曾国荃趾高气扬，为了让自己的弟弟注意平日的言语，曾国藩给九弟写信，说服他不要高傲、多言。

信的内容大致如此：自古以来，因不好的品德招致败坏的有两种：一是高傲，一是多言。尧帝的儿子丹朱有狂傲与好争论的毛病，此两项归为多言失德。历代名公高官败家丢命，也多因为这两条。我一生比较固执，很高傲，虽不是很多言，但笔下语言也有好争论的倾向。沅弟你处世恭谨，还算稳妥，但温弟却喜谈笑讥讽，听说他在县城时曾随意嘲讽事物，有怪别人办事不利的意思，应迅速改变过来。

曾国藩看到自己弟弟的不良表现，并没有劈头盖脸地直接呵斥，而是通过古人的实例旁敲侧击，让弟弟能够以此为鉴，还将自己固执、好争的性格当作反面教材告诉曾国荃，同时，以安抚的方式先赞扬自己的弟弟，然后加以提醒。通过这种方式，曾国荃就不会有抗拒的心态，能比较平静地听曾国藩的话。虽然这是通过书信的方式，但也着实值得大家在训练自己表达圆满言辞时本着“拿来主义”的精神进行学习。

说话的方式很多，如何使言辞圆满是比较高深的语言表达技巧。内向的人虽然具备沉稳、多听、多思的特性，不过要想训练圆满的表达能力，还需要多做功课。以下几点值得我们借鉴：

1.学会掌握说话的态度，让你与他人更亲近

无论是与亲近的人交谈，还是与陌生人交谈，轻声细语的说话都能有效地缩短两个人之间的情感距离，让双方的关系加深。试想，为什么有的父母能够与孩子更好地以朋友的方式相处？这跟父母与孩子在沟通过程中所表现出来的态度无不相关。轻声细语更能拉近父母与孩子的距离，减少争执的概率。与他人沟通也是如此，并且，轻言细语能够给人带来一种恭敬、文雅的印象，让人产生好感，正所谓和气生财，也是这个道理。

2.站在对方的角度思考，让言语多一些关心和温暖

很多人都会遇到这样的问题，本来是想跟一个人、朋友或者家人进行好好交谈，让他们能够理解自己的良苦用心，但到头来却变成了口角之争，最后往往变成无言的结局，使大家心里都不好受。这是为什么呢？很多时候，出于好心的言语，如果不是站在对方的角度来说，就会让对方难以接受，甚至是想到其他地方去了。本来是怕对方吃得太少、没有营养，你一句：“你不多吃点儿，瘦得只剩下骨头了。”可能就会被人误解为你嫌弃对方太瘦。很多时候，与人进行沟通，最关键的就是要从对方的角度来思考，让话语多一点儿关心，多一点儿温暖，少一些贬义词、少一些批评、少一些不良形容，这是与人交谈时特别需要注意的地方。

3.以平等的立场来对待人与人之间的沟通

有过被老师拉出去进行思想教育经历的人都特别反感背诵似的思想教育，

人站在那里，听得耳朵都出茧了，道理自己都能背出来，却没有任何作用，下次还会犯。人与人之间的沟通，无论是大人与小孩、孩子与孩子还是大人与大人，在沟通的过程中，要想有效地达到沟通的目的，前提是站在一个平等的立场，让自己和对方都感觉是对等的，这样，双方才能实现沟通的目的。也只有这样，才能在沟通的过程中增进互动和交流，让沟通少一些障碍。

4.少一些大道理，以更容易让人接受的词来表达

曾国藩在跟自己的弟弟讲道理的时候，并没有大篇幅地说“傲”和“言”有多么的不好，应该怎么做，也没有和他长篇幅地说为官之道，要谨言慎行，等等，更没有说现在自己的家族所处的地位，需要家人更加注意被他人忌妒，等等，所有的话只是用一个简单的古人的教训来表达，大家都是聪明人，在交谈的时候只需要点到为止，说得太直白反而起不到这种效果。所以说，在词语表达的时候少一些大道理，以简洁明了的方式让你的表达更加圆满，你便成功地传达了你的思想，别人也能在短时间内明白你想要表达的事情，你的目的便达到了，也无须多言。

技巧7 说话时不要涉及对方的隐私

心理学研究表明，任何人都不愿把自己的隐私在公众面前“曝光”，一旦被人曝光，他就会感到难堪甚至恼怒。

在与人交往的过程中，为了避免引起别人的不快、赢得他人的尊重，一定要管住自己的嘴巴，口下留德，不要去刻意挖掘和窥探他人的隐私，更不要在背后拿别人的隐私当话题大加谈论。

上大学的时候，王巧和单丽丽住一个寝室，两人关系特别好，无话不说。后来，王巧发现单丽丽从来不提起自己父母的事，于是就随口问了问，单丽丽一下子眼睛就红了，说出了实话，原来她父母在她上小学的时候就离婚了，后来爸爸病逝，妈妈改嫁了人，自己一直跟着小姑生活。

为了安慰单丽丽，王巧也说出了自己的一个秘密，说自己也有难以启齿的事，就是自己有体臭，之前做过手术，但伤口才恢复不久，就发现根本没有切除干净，洗过澡后就没有什么，但是一出汗，味道就又来了。因为这件事，王巧很害怕和别人靠得太近。两人就这样互相安慰着对方。

有一次，王巧在与人聊天时不知不觉就把话题引到了单亲家庭上，结果她便把单丽丽没有父母的秘密告诉了大家，这个事情随后就在班上传开了，大家都在背后对单丽丽议论纷纷、指指点点。后来，单丽丽知道了事情的真相，一气之下便把王巧有体臭的事告诉给其他人，大家看王巧的眼神一下子都变了。因为这件事，王巧的男友和她分手了，而王巧和单丽丽曾经那么深厚的友谊也随之破碎了。

每个人心中都会深藏几个小秘密，如果你的朋友愿意把一些秘密和你分享，那你们之间一定是非常好的知心朋友，对于朋友的秘密，即便他没有叮嘱，你也应该心知肚明，为他保守秘密，不要外泄。如果你不能管住自己的嘴巴，随便泄露朋友的秘密，那么你失去的不只是友情，还有别人对你的信任和尊重。

为人处世一定要把好口风，要清楚什么话能说、什么话不能说，把别人的隐私当话题的人不但会让人感到他口上无德，还会不小心得罪人。

隐私是个人的事情，一般来说，它不愿为人知晓、不愿被他人干预或者不愿为公众所知晓。几乎每个人都有属于自己的隐私，它也许是一段不堪回首的往事，也可能是一次不幸的遭遇，或许是内心世界的情感变化，等等。这种私密的东西一旦泄露出去，就可能会对当事者或其他人造成难以预料的影响和伤害。

很多时候，也许你揭露他人的隐私是出于一种好意，但在此之前，你还需慎重考虑，设想一下自己的言行到底会给他人赢得同情还是带来危害。所以，你应该善于控制自己，明白什么是可以说的、什么是不可以说的。对于别人的私密一定要做到守口如瓶，无论对什么人都不能泄露。拿别人的隐私当话题，不但害了别人，最终也会害了自己。

技巧8 忌夸夸其谈，谦逊的语言更受欢迎

有着满腹才华的成功者懂得低调处理事情的重要性，往往不会恃才自傲，反而表现得平易谦逊，这才是有着大智慧的人。

说话夸夸其谈、凡事都以自我为中心，说话自以为是的人，必然得不到朋友的尊敬，当然也收获不到一份真正的友谊。“空心的谷穗高傲地举头向天，而充实的谷穗则低头向着大地。’其实，一个人越是夸夸其谈地卖弄自己，越容易使人们对他所说的话的真实性产生怀疑。在日常生活中，我们周围总是有一些人喜欢自以为是，无论别人说什么，他都要插上一嘴，还会加以反驳，而且是即使说了半天，也不见得有什么高深的见解。久而久之，这种夸夸其谈、处处卖弄的行为就成了一种极坏的习惯，不但不会让人觉得他有魅力，反而会降低别人对他的好感。

马西尔斯是公元前5世纪古罗马时代的一个大英雄，因为战绩卓著，屡次救罗马于水火之中，而被人们封为“战神”。

公元前454年，上了年纪的马西尔斯打算弃军从政，从而参加竞选，角

逐最高层的执政官。按照规定，候选人可以在公众投票前发表公开演讲，从而展示他自己的风范，赢得选民。候选人一个个滔滔不绝，不断卖弄自己的学问多么渊博、理想有多么宏大。等轮到马西尔斯时，他什么也没说，只是脱下上衣，观众一片哗然，因为人们看到了他身上的累累伤痕，感动得泪如雨下，认为执行官非他莫属。

然而，到了投票那一天，事情发生了转机，马西尔斯在公众场合与公众见面却无视众选民，只与坐在公证台上的高层官员和富有的市民说话，而且一味地吹嘘自己的功绩，人们对此大失所望，心想：所谓的“战神”只不过是个只会夸夸其谈的吹牛大王，于是决定不投他的票，马西尔斯最终落选。

马西尔斯吹嘘自己曾经在战场上的功绩，就是想让人们知道他有多勇敢、多伟大、他为国家作过多么重要的贡献，结果却适得其反，人们对他的装腔作势很反感。他把自己说得越神勇，人们对他的失望也就越多，导致最终落选。这件事告诉人们，吹嘘者自以为能赢得公众的好评，结果恰恰毁掉了自己在人们心中的形象。

中国古代有一位将军在大军撤退时总是断后。回到京城，别人都赞扬他舍生忘死的精神，将军却说：“并非吾勇，马不进也。”这位将军谦逊地把断后的功绩推掉，认为不是自己勇敢，而是马不行进，这种谦虚的态度反倒更加赢得人们的赞誉。

有口德的人从来不会自己夸夸其谈，他们之所以这样做，不是想从中获取什么好处，而是不愿夸耀自己的功绩。越是这样，这些人就越能得到最大的荣誉。

他人和你谈话只是单纯的谈话，而不是要听你说教，你若故作聪明，非要拿出更高超的见解不可，那么对方也不一定会乐意接受。所以，在谈话时要有所节制，不可以王婆卖瓜，自卖自夸。

自以为是和说大话、吹牛并无不同。有些人本来没有高人一等的智慧，却要装出一副自己什么都懂的样子，这样会让人看作伪君子。承认自己也有不知道的事并不丢人，为了自抬身价而不懂装懂、自以为是而乱讲话，一旦被对方看穿，反而会令对方产生不信任感而不愿与你交往。

在生活中，有些人认为自己比别人知道得多，便总喜欢夸耀自己。即使你真的比别人见识多，也不应该以这种态度去和别人说话。这种说话方式会使你疏远于朋友和同事，如此便没有人愿意给你提意见或建议，更不敢向你提一点儿忠告。

要改变这种状况，唯一的改善方法是养成尊重别人的习惯，日常谈论中，你的意见未必是正确的，而别人的意见也未必就是错的，那么，为什么你每次都要反驳别人呢？是想突出自己的见解有多么高深，还是为了得到别人的崇拜和敬佩呢？其实，日常生活中的事都是平凡的，根本没有必要做高深的研究。要想得到别人的尊重和敬佩，不一定要通过反驳别人的方法来实现。

“闻道有先后，术业有专攻。”每个人都有自己的专长，不可能对每件事都很精通。朋友之间应该互相取长补短，对于别人比自己专精的地方就不耻下问，即使是自己很专精的事情，也要以很谦虚的态度来展现实力，这样才能说服他人。

此外，你说的话未必就是真理，现今时代是信息时代，你是否能确定你所掌握的知识就是全面的、科学的、正确的呢？很多时候，讲的话越多，越容易漏洞百出，这样不仅有损自己的形象、暴露自己的无知，还会影响别人对你的看法，这就要求我们不要自以为是，更不要夸夸其谈，逞强的话要少说，争论的话最好不说为妙。有些人自以为有点儿才能就四处吹嘘，好让人觉得他是个天才；有些人，发了点儿小财就到处夸耀，好像自己是比尔·盖茨；还有些人，做了点儿小事就觉得劳苦功高，四处张扬。殊不知，这样的人是最讨人嫌的。

对此，达·芬奇说过这么一段话：“微小的知识使人骄傲，丰富的知识使人谦逊。”喜欢吹嘘的人往往没有真才实学，沉默寡言者往往深藏不露。

有心眼的人都知道说话要有节制，有口德的人从不夸夸其谈。低调的人不是没有个性，沉默的人也不代表其一无所知，真正的卓越非凡的人不用吹嘘就能流芳百世。吹嘘自己知识的人，等于宣扬他的无知；吹嘘自己勇敢的人，无疑告诉别人他是个胆小鬼；吹嘘自己富有的人，只能证明他是个爱财的人。而说话小心谨慎、谦虚朴实的人才真正讨人喜欢。

第六章 赞美如春，把话说得心花怒放

赞美如春风，融化了沟通中的种种问题，除去了一切沟通中的不和谐因子，拉近了人与人之间的距离，让人际关系更加顺畅，一个善于赞美他人的人一定是一个有着良好的人际关系的人，而一副冷漠的面孔和一张缺乏热情的嘴是最使人失望的。

技巧1 不说外行话，做一个内行赞美家

赞美别人的时候，不说外行话，让别人觉得你的赞美在行、觉得你的感觉中肯。这样才能达到赞美的目的。

适度的赞美，其实是一个重要原则。其要点是抓住赞美的事和物的实质，不说外行话，让别人听起来觉得你在行、老练。许多人常犯外行的错误，见了什么都说好，见了谁都说高，有的人是不懂装懂，有的人是只知其一、不知其二，语言不到位，说不到点子上，切不中要害，缺乏力度。

做一个内行的赞美者，要懂专业知识。常言道："隔行如隔山。"现代社会中，专业分工很细，各专业相对独立，自成相对封闭的系统。如果知识面狭窄，无疑就成了"门外汉"，找不到赞美的话题。如何令自己成为内行人呢？

首先，对某一行要有一定造诣，你的赞美才能令内行的人接受，并视你为知己。运用专业术语是一种技巧。俗语说，各行都有各行的行话。曲艺中有吹、拉、弹、唱；相声中有说、学、逗、唱；围棋中有边、角、星、目等；书法中有筋、骨、神、锋，这些都是某一领域中的“行话”。在一定的场合，你用专业术语予以赞美，让人觉得你是“圈内人”，你的赞美才会让人觉得可信。

其次，内行的赞美还表现为独具慧眼。独具慧眼的赞美者善于发现别人看不到的优点、长处。比如，面对一幅油画作品，几乎所有的人都异口同声地叹道：“真是太绝了！”“我再练十年恐怕也赶不上！”油画家对这样的恭维早就习以为常了。独有一位观赏者幽默地说道：“常言说，画如其人。您的画运笔沉稳，是和您刚正不阿的禀性、对人生与社会的深刻思考分不开的。”谈画论人，在行在理，独辟蹊径，巧妙地换了个角度，令人耳目一新。

肤浅的赞美会让人感到乏味、空洞，受到你赞美的人也丝毫感觉不到一种荣耀，并会在你的言语中产生一种不安与困惑；而见解深刻的赞美会让人觉得你看到了问题的实质，确确实实对被赞美者产生了认同感，而被赞美者也对你的一双慧眼报以信赖，产生了与你积极沟通与交流的愿望。

由此看来，适度的赞美，会使人心情舒畅；反之，则使人十分尴尬。为了防患于未然，合理把握赞美的“度”就成为赞美者们必须重视的问题。赞美者要注意以下几点：

1.严戒滥用

这里讲的滥用是针对相对时期内对一个对象赞扬的次数。次数太少，起不到应有的作用；次数太多，也会削弱应有的效果。而赞扬的频率是否适中，是以受赞扬者优良行为的进展程度为尺度的。如果被赞扬者的优良行为同赞扬的频率成正比，则说明赞扬的频率是适度的；如果呈现反比的现象，则说明赞扬的频率过高，已经到了“滥施”的程度。

2.看得远一点

赞美不仅要符合眼前的实际，而且要高瞻远瞩，具有一定的前瞻性和预见性。那样才能提升你的赞美高度，使你的赞美经得起推敲和时间的考验。

有些东西具有相对稳定性，比如人的容貌、性格、习惯等，这方面比较容易称赞。而有些东西则不稳定，如人的行为、成绩、思想、态度等，若从长远考虑，赞美时要谨慎。

3.深切体会过程

我们可能有过这样的体验。当你夸奖朋友取得的成绩时，他会说："你不知道我付出了多少心血！"言语间仿佛有你不知其艰辛、看结果不看过程的意思。相反，如果你说："真不错，一定花了你许多的心血吧！"他就会觉得心里舒服，认为你很了解他。可见，夸奖劳动或付出是必不可少的，甚至效果更佳。

技巧2 赞美用巧语，诚心诚意是根基

称赞别人一定要发自内心，而发自内心的称赞容易被对方接受，如果称赞不是发自内心的，人家听了肯定会觉得虚伪。

我们每个人都希望得到尊重，更希望获得别人的称赞。在人际交往中，赞美是沟通的桥梁，是拉近人与人之间距离的磁铁。因此，在构建和谐世界、和谐社会、和谐家庭的时代里，学会赞美是每个人必须掌握的技巧。

"赞言一句三春暖"，赞美别人是一种修养，一种素质的表现，那种自私得不愿意给对方一个微笑的年代已经过去了，社会呼唤和言、悦色，需要沟通、理解。我知道，称赞别人很简单，不外乎"你今天真漂亮，这件衣服穿到你身上像定做的一样……"这些话大家都会说，对方听了也会产生愉悦心情。称赞别人一定要发自内心的真诚，而发自内心的称赞容易被对方接受，

对方在接受你称赞的同时，也觉得你是一个诚实的人，是一个有知识趣味、有涵养的人，一个可以结交可以信赖的人。下面向大家介绍一下赞美时应注意的几点。

1.因人而异

每个人都是不一样的，因此同一种赞美方法对不同的人所起的作用是不一样的，有的人可能会欢心鼓舞，而有的人却可能无动于衷。赞美是否起到意料到的作用，这完全取决于赞美是否满足了对方的心理需求，是否符合对方的个性特征。所以，赞美要因人而异，方式要灵活多样，不能千篇一律。

对不同的人，赞美和表扬的方式也应该有所区别：对年轻人不妨语气稍微夸张地赞扬他的创造才能和开拓精神；对于经商的人，可称赞他头脑灵活，生财有道；对于身处一定职位的上司，可称赞他为公为民，廉洁清正；对于知识分子，可称赞他知识渊博、宁静淡泊；对德高望重的长者，则要表达敬仰和尊重；对思维机敏的人，表扬可以抓住要点，三言两语，有时稍加暗示即可；对疑心过重的人的赞扬，则要意思明确，表达清楚，以免产生误解……当然这一切都要依据事实，切不可虚夸。

2.情真意切

每个人都渴望赞美，赞美是人类的天性。这绝不是虚荣心的表现，而是渴求上进，寻求理解、支持与鼓励的表现。有时候，一句赞美能产生令人意想不到的效果。例如父母经常赞美孩子，使得家庭气氛和睦；上司经常赞美下级，职工的积极性、创造性不断被激发、被调动；朋友之间互相赞美能增进友谊；夫妻之间互相赞美能使夫妻感情更加深厚。然而，赞美别人并不是一件很困难的事情，难就难在真心诚意，贵在确有实效。所以说，我们在赞美别人的时候一定要真诚，要做到情真意切。真诚的赞美不但会使被赞美者产生心理上的愉悦，还可以使你经常发现别人的优点，从而使自己对人生持乐观、欣赏的态度。

每个人都喜欢听赞美的话，但并非任何赞美都能使对方高兴。能引起对方好感的是那些基于事实、发自内心的赞美。相反，你若无凭无据、虚情假意地赞美别人，对方不仅会感到莫名其妙，更会觉得你油嘴滑舌、诡诈虚伪。例如，当你见到一位其貌不扬的小姐，却偏要对她说："你真是美极了。"对方立刻就会认为你是个虚伪的人，说着违心的话语。但如果你着眼于她的服饰、谈吐、举止，发现她这些方面的出众之处并真诚地赞美，她一定会高兴地接受。真诚的赞美不但会使被赞美者产生心理上的愉悦，还可以使你经常发现别人的优点，从而使自己对人生持有乐观、欣赏的态度。

3.赞美下属要诚心诚意

赞美一定要真诚，唯有真诚才能打动人心。赞美的目的是为了促进工作，上司对下属的赞美一定要实事求是，真心实意。要做到这一点，上司必须做一个细心人、热心人，从内心关心他们热爱他们，多了解他们的思想、生活情况，发现他们的每一个细小的优点，及时进行赞美，切忌虚情假意。有的上司在赞美下属时说："哎呀，你工作搞得挺好嘛。"语气中明显带有一种调侃的味道，这很容易使下属产生被嘲弄的感觉。真诚的赞美还体现在不能说空话、套话和模糊不清的话上，否则就会让下属觉得虚伪。

技巧3　一句话就中标，夸就夸到点子上

赞美对方就是为了让其产生美好的感觉，因此，一定要去选他的"特别之处"，他身上非同一般的"闪光点"去赞美。

有一些"护花使者"最擅长的就是赞美女性了，他们的拿手好戏是每逢女性改变一下饰物，他们便会大加称赞。"今天的耳环不一样，说不定是法国造的？"听见这种话，没有一个女孩子会不高兴。然而，眼光不好的人随便

赞美也有可能产生相反的效果，例如廉价的衣服却称赞为“高贵的服装”，对方也许反而觉得被挖苦。洞悉并赞美对方希望获得赞美的部分，这不仅针对女性有效，针对男性也有效。

人的素质有高低之分，年龄有长幼之别，因人而异、突出个性、有特点的赞美与一般化的赞美相比，能收到更好的效果。当你与年老的长者交谈时，可以多称赞他引以为傲的过去，因为老年人一般都希望别人能够记住他当年的业绩和往日的雄风；当你与年轻人交谈时，不妨语气稍微夸张地赞扬他的创造才能和开拓精神，并举出几点实例证明他的确能够前程似锦；当你与商人交谈时，可以称赞他头脑灵活，生财有道；当你与有地位的领导干部交谈时，可以称赞他为国为民，廉洁清正；当你与知识分子交谈时，可以称赞他知识渊博、宁静淡泊……当然这一切要依据事实，切不可虚夸。

每个人都或多或少有点自卑心理，他们都喜欢别人恭维一下，如称赞其聪明、英俊、有才华、精力充沛……总是令人受用的。当然，“过分恭维别人，便是贱卖自己的人格”。恭维过度，会让人觉得你是阿谀奉承、拍马溜须之辈而生厌。恰如其分的恭维，则不失为博得别人好感和信任的方法。

每个人都有自己厌恶的东西，如缺点，如果他自己认为是缺点的东西，却被你夸奖，这会令他无法接受。比如说你赞美某个人像电影明星。而他恰恰讨厌这个名星的相貌或性格，那你的赞美就适得其反。如果遇到一个其貌不扬的女子，你却偏偏夸她长得漂亮，那么她一定会认为你是在嘲讽她。

所以，在赞美别人时一定要善于寻找到对方最希望被人赞美的地方。名人有名人优越的地方，在自知优越的地方，他们固然盼望得到别人公正的评价，但在那些还缺少自信的地方，尤其喜欢受到人家的恭维。例如一般的女孩子都喜欢听到别人称赞自己漂亮，但是对于那些姿色出众的女孩子，她们却希望别人赞美自己聪明。那么，“你真聪明”之类的话会让她们惊喜万分。再比如，对一个刚刚升职的人，恭维他升迁，倒不如说“你可以在更大的天地里施展才华了”。

云莉从升入大学的第一天，就被同学们评为“班花”，不用问，云莉确实长得十分美丽。云莉自己也知道，从小到大她听到的称赞最多的就是关于她漂亮的外表，对于这样的赞美，云莉真是感觉有点儿“赞美疲劳”了。

其实在她内心深处最希望听到别人说她“有才华，将来肯定会有所成就”。云莉的男朋友就是靠着“别具一格的赞美”才赢得了她的芳心，“在我身上，他总能发现别人发现不了的优点。”云莉开心地说。

当一个女人去赞美另外一个女人的装扮或服饰美丽时，多半是因为她在对方身上找到了共同的爱好和兴趣。赞美就得“赞美”到点子上，要有真实的情感体验，要有发自内心的真情实感，这样的赞美才不会给人虚假和牵强的感觉，这样的赞美往往会使对方听来十分亲切真实，完全是发自内心的欣赏之情，这就会使对方产生一种遇到“知音”的感觉，因而也更能增进友谊，缩短彼此间的距离。带有真情实感的赞美不仅能体现人际交往中良好的互动关系，还能表达出自己内心的良好感受，对方也能感觉到你对他的真切关怀。

如果要赞美一个女性，我们多半会想到赞美她的容貌、气质、性格、才艺等。其实，同为女性，又是朋友，你不妨多站在女性的角度，多发掘一些她的“特别之处”来赞美。譬如：对于刚刚荣升为母亲的女人，可以多赞美她的孩子；对于在家做全职太太的女性，可以多赞美她的厨艺、缝纫技术或家居布置等，因为这些，可能更会引发对方的兴趣，她也会为遇到你这样的知音而感到欣喜。

“你真懂得关心人！”

“你真是太为自己孩子们着想了！”

“你喜欢储蓄呀？真棒！谨慎，稳当。”

换个角度想一想，如果有人对你说类似的话，你会是什么样的心情呢？你一定会感觉很开心。我们去赞美对方就是为了让其产生这种美好的感觉，因此，一定要去选她的“特别之处”，她身上有非同一般的“闪光点”去赞美。

技巧4 赞美别人时越细致越讨人心

空洞的赞美只会让对方觉得你是在敷衍她。赞美的话只有说得细致具体、符合实际，才能让对方感觉到你是在真心地关注他，真诚地赞美她。

空洞的赞美不但没有任何意义，还会让对方觉得你是在敷衍她。赞美的话只有说得细致具体、符合实际，才能让对方感觉到你是在真心地关注他，并且真诚地赞美她。这样的赞美才能达到预期的结果，才能博得对方的好感，从而赢得友谊。

我们常常会听到周围的人随口赞美道，“你今天好漂亮啊！”“今天你看起来气色很好哦！”当你听到这些话的时候会有什么想法呢？大多数情况下，你也只是一笑而过，因为这样的赞美只是随便说说而已，听起来很假，让人感觉不到一点点的真诚。

在赞美别人的时候，不要使用模棱两可的表述，像“嗯……有点意思”、“挺好”和“没那么糟”，这样的话都不要使用。含糊的赞美往往起不到应有的作用，而且还会适得其反，甚至比带有侮辱性的言辞还让人难堪，侮辱至少不会带有怜悯的味道。在我们的生活中，拥有非凡成就的人并不多见。所以，在与人交往的时候，应该从具体事件入手，善于发现别人哪怕是最微小的长处，并不失时机地予以赞美。

赞美用语当然是越具体翔实越好了，这样可以说明你对对方非常了解，对他的长处和成绩很看重，这样可以让对方感到你的真挚、亲切和可信，你们之间的距离就会越来越近。比如你的同事今天穿了一件新衣服，打扮得很漂亮，你如果仅仅是说“你今天很漂亮”，效果显然会比“这件连衣裙真是不错，尤其是和你的气质特别搭配”差很多。

当你针对一件事情进行赞美时，赞美会更有力量。赞美的对象越庞杂，它的力量就越弱。因此，在赞扬别人时，要针对具体的某一件事情。例如，我们在社交场合，常听到的赞美不外乎“你今天好漂亮哦”、“你看起来气色很好”等话语，这些赞美太过含糊笼统，听起来假假的，会使你的赞美大打折扣，远远不如“你今天穿得很好看”更能说到对方的心里去。再例如，“玛丽，你每次和人们说话时，都能让他们觉得自己很重要”肯定要比“玛丽，你很会与人相处”更令人信服。不信我们再来看这样一个故事：

1975年3月4日，卓别林在英国白金汉宫被伊丽莎白女王封为爵士。封爵仪式开始，正当卓别林非常兴奋的时候，女王这样赞美卓别林说：“我观赏过许多你的电影，你是一位难得的好演员。”

可是这位伟大的艺术家似乎对这个赞美并没有什么特别的感觉。

事情过后，有人向卓别林询问当时的感想。可是，卓别林的回答令人大吃一惊：“女王陛下虽然说她看过我演的许多电影，并称赞我演得好，可是她没说出哪部电影的哪个地方演得最好。”当女王知道了卓别林这样说后，感到非常遗憾。

从这个故事中，我们可以看出，如果赞美别人就得说出具体的事实，尽量针对某人做的某件具体的事情，这样才会产生良好的效果。

美国社会心理学家海伦·克林纳德认为：正确的赞美方法是将赞美的内容详细化、具体化。其中有三个基本因素需要明确：你喜欢的具体行为，这种行为对你有何帮助，你对这种帮助的结果有无良好的感觉。由这三个基本因素为依托，赞美语才不会空泛笼统，才能给人留下好印象。

每个人生活中总会有一些细小的事情发生，比如理了个新发型，穿了件新衣服，这时你不失时机地赞美一两句，立刻能使对方感到愉悦。你可以这样说“你这件新衣服真不错。”“新发型真时尚啊！”就事论事，会让他人觉得十分得体，对你产生好感。如果你发现的对方的特色、潜能、优势，是他人甚至是其本人没有意识到的，你的赞美会令对方恍然大悟，不仅能让对方增强自信，而且也不会觉得你是在有意地讨好。

赞美对方就要先了解对方，了解的越多越好。对他的人品性格，他做的许多事情都要了解。并要对他的穿着服饰仔细观察，要能发现对方微小的变化，如换了领带；或挨了一顿批等。只有了解对方，你的夸奖和赞扬才会有针对性。只有当你的话说到了点子上，才会让对方感受到你的真心。一般情况下，对方不仅仅想要你说他好，而又想知道为什么说他好，好到什么程度，你说的越具体越详细越好。

技巧 5 赞美之词有新意，跟风重复不可取

对于那些经常被人赞美的人来说，一般性的赞美对其意义并不是很大。这时，要是赞美不落俗套，对别人较少赞美的地方给予赞美，效果会更好。

赞美语言要有新意。赞美是所有声音中最甜美的一种，新颖的语言是有魅力、有吸引力的。简单的赞扬也可能是振奋人心的，但如果多次单调重复，也会显得平淡无味，甚至令人生烦，所以要掌握火候，恰到好处。

有这样一句话，别人嚼过的甘蔗不甜。在赞美别人时，使用那些别人都说了无数遍的词语，只会让对方觉得你是在敷衍他，从而产生不值得深交的印象。

比如，当你遇到一个初交的人时，说什么“久仰大名，如雷贯耳”的话，那个人肯定会这么想：“我从来没见过你，你怎么会‘久仰’我的大名呢？还‘如雷贯耳呢！这不过是在敷衍我罢了。”当别人对你得出一个“敷衍”的第一印象时，恐怕也会以敷衍回报你。你想消除人家的这一不良印象，非得花时间不可。

即使真的是“久仰”人家的“大名”，也用不着说“久仰大名”这样的套话。有位公关小姐跟客人的见面话，很值得借鉴。有一次，她对客人说：“我早就听说过你，是我们部长告诉我的。她说你重交情、守信用，豪爽大方，很有魄力。我早就想见一见你，今天这个愿望终天实现了。”

试想一下，有谁听到这样的赞美，不飘飘然，不对赞美者油然而生好感呢？

每个人都有自己的爱好和个性，而且，每个人都乐于表现自己与众不同的一面。只有针对对方别具一格的特色进行不落俗套的赞美，才能真正打动人心。人云亦云，味同嚼蜡的陈词滥调，已失去了赞美的本意。

一些人在公共场合赞美别人时，自己想不出怎样赞美，只能跟着别人说重复话，附和别人的赞美。

在五代的时候，梁太祖朱温手下有一批鹦鹉学舌拍马的人。一次，朱温与众宾客在大柳树下小憩。大柳树浓荫蔽日，树下清风习习，十分凉爽，朱温不禁赞叹道：“好大柳树！”宾客为了讨好他，纷纷起来相继赞叹：“好大柳树！”朱温看了觉得好笑，又道：“好大柳树，可做车头。”实际上柳木是不能做车头的，但还是有五六个人互相赞叹：“可做车头。”朱温对这些鹦鹉学舌的人烦透了，厉声说：“柳树岂可做车头！”于是把说“可做车头”的抓起来杀了。

每个人也许都经历过这样的事情：中国人在别人赞美自己的时候，往往都要表示谦虚一下。如果是在人多的场合，大家众口一词地赞美某个人的同一件事，就会使他陷入很不自在的境地，越是最后几个赞美的，如果是同样的话，越让他感到厌烦。

在这些千篇一律、陈词滥调的赞美中，有一种情形是比较特殊的：某些人学有所长，并在自己的领域内取得了无可争议的地位，由于别人对他们的专长已赞美得过多，他们对这种赞美已经麻木了。即使你别出心裁，说出新颖独到的溢美之词，也很难激起他们的好感。碰到这种人，与其赞美他们的专长，还不如赞美他们的业余爱好和人品。

陈词滥调不仅是社交的忌讳，也是赞美别人的忌讳。那么，怎样才能避免陈词滥调呢？

在实践中学习赞美技巧：

1.真知源于实践

只有多参加社会交往，在实践中学习和总结，并根据自身经验和体会进行适当调整，赞美技巧才能逐步提高。并走向成熟，形成自己的风格。

2.用诚心感受对方的心理需要

陈词滥调往往是在不了解对方心理状况的情况下说出来的话，无的放矢，没有目标。只有当你对其进行深入的了解以后，才能知道他在此种场合此种情景下的情绪与需求，然后才能给予别出心裁的赞美，从而顺利达成自己的愿望。

3.明白“曲径通幽”的道理

会赞美的人善于实施“迂回赞美术”，围绕对方关注的但又不是专长的方面进行赞美。例如，当“棋圣”聂卫平在中国和世界棋坛大显身手、出尽风头的时候，与其夸他是个“围棋天才”，还不如说他桥牌玩得精更让他开心。要知道，最美的风景不在一目了然的地方，而在曲径通幽之处。

技巧6 恰如其分的赞美最受人欢迎

生活中，人人都需要赞美，需要来自别人的肯定，真诚的赞美是取得他人信任的前提。

真诚的赞美就像润滑剂，可以调节相互间的关系；真诚的赞美是一首美妙的协奏曲，其和谐悦耳的声音让人如痴如醉；赞美更像温暖和煦的阳光，温暖人的情感和心灵；赞美还是一架慷慨激昂的战鼓，给人以鼓舞和激励。人人都喜欢赞美，因为这是一种精神享受。

赞美不是溜须拍马，只有真诚的赞美才能使他人意识到你在发自内心地欣赏他，而不是在功利性地恭维他，这样的感觉会使他自觉自愿地为你打开心门，从而达到赞美的最终目的。

赞美的话语一般来说都是善意的，然而，"美酒饮到微醉后，好花看到半开时"，赞美也是一样，合乎时宜的赞美就是指赞美的时候要见机行事，真正做到恰到好处。

有位小伙子去拜访一位企业家，聊了几句之后，气氛还是比较沉闷，于是小伙子便想赞美一下这位企业家，于是他说道："王厂长，从刚才跟您简短的对话中，我觉得您是一个很有智慧的人，我想做您的下属一定非常幸福，因为能跟您学到很多东西。我要是能跟着您，不要钱我都干。"

他说完后，那位企业家马上说："好啊！我还真缺一个助理，你明天就到我公司去报到，工资虽然没有，但我给你包吃包住。"小伙子当然不是要"零工资"待遇了，于是显得很尴尬，抓了抓头，干笑几声，不知如何答话了，气氛不但不活跃，反而更加沉闷了。

赞美要适度，才能继续谈话。这位小伙子本来是想活跃气氛，深入谈话，前面几句话说得挺好，比较真诚，也很具体，也是发自内心，但由于过分夸张，最后一句话就显得比较夸张和虚伪了，结果适得其反。

在日常生活中应该注意，稍微上了年纪的成功男士一般喜欢别人称赞他的努力过程、社会地位以及个人成就等。因此，如果你想称赞这类人，可以这样说："不知道哪天我可以像您一样这么有成就"、"能不能向您请教一下，您是怎样才有今天的成就的"，等等。

恰如其分的赞美才是真正的赞美。赞美时使用过多的华丽辞藻、对别人进行空洞的吹捧和过度的恭维只会使对方感到不舒服，甚至厌恶、反感，其结果适得其反。

要想赞美真正起到作用，还必须在赞美时做到恰到好处、大方得体。人人都爱听好话，但是每个人愿意接受的赞美的语言是不同的，如果不能恰到好处地对他人进行赞美，是难以起到改善关系、促进沟通的作用的。

当代作家毕淑敏讲过这样一个故事。一位女士出国进行学术访问，周末的时候受邀到当地一位教授家中做客。这位女士进门寒暄之后，就看到了教授5岁的小女儿。女孩满头金发，长得漂亮极了，女士立刻蹲下来跟小女孩沟通，还送给她一份中国礼物，小女孩很有礼貌地微笑道谢，这时女士情不自禁地抚摸着小女孩的头发说："你长得真漂亮，真是可爱极了，大家肯定都喜欢你!"

然而，教授夫妇听到女士对孩子的赞美后并没有表示感谢，也没有作出任何回应，这让女士很惊讶。等女儿离开之后，教授一本正经地对这位女士说："你刚刚伤害了我的女儿，你必须向她道歉。"女士瞠目结舌，惊得不知道该说什么。

教授于是向她解释："你刚才夸她漂亮，还说别人因为漂亮才喜欢她，这是不对的。长得漂亮并不是她的功劳，这取决于我和她父亲的遗传基因，与她个人没有什么关系，可你却对此大加夸赞。孩子还这么小，她分辨不出你的称赞是寒暄还是真诚的，所以她就会认为漂亮是她的优势。而且她一旦认为天生的美丽是值得骄傲的资本，她就会看不起长相平平甚至丑陋的孩子，就会使她进入误区。此外，你还未经她的允许就抚摸她的头，这会使她认为每个陌生人都可以不经同意就抚摸她的身体，这是一种不良引导。"

听到教授一口气说了这么多，女士更加惶恐不安，但教授接着说："不过你也不要这样沮丧，你还有机会可以弥补。有一点，你是可以夸奖她的，那就是她的微笑和有礼貌，这是她自己努力的结果。"

也许我们从来没有想过对孩子的一句夸奖和赞美，其中会有这么多的学问和讲究。看来，对于孩子的赞美也是要掌握火候的，不要因为孩子如天使般地成长就忍不住要感谢上苍，更不要看到孩子做出了一点儿成绩就对他百般赞扬。赞美过了火，不但影响孩子的健康成长，还会招致其父母的厌烦。

不管是孩子还是大人，赞美都需要掌握火候，都需要真诚。赞美是一门艺术，需要用合适的方式加以表达，更需要一颗真诚的心，没有人会讨厌真诚的赞美。

古语云："精诚所至，金石为开。"当你的赞美之词从口中说出的时候，其中到底包含着几分真诚，就已经明明白白地显露出来了。所以，只有真诚的赞美才能表达出你心中最诚挚的感激，也只有真诚的赞美才会被人们所接受。

在赞美的过程中还要注意，溢美之词无须过多。赞美虽好，但用得过多也会如吃多了肥肉一样让人腻烦。有些人时刻将赞美之词挂在嘴边，看到谁都要赞美一番，结果时间一长，别人听到他们的赞美就像鸡肋，食之无味，而等到关键时刻，他们的赞美便起不了作用了。所以，赞美的话无须多，精妙的赞美只要一句就够了。

当然，赞美要适宜，并不是不鼓励赞美，而是在该赞美时要毫不吝啬地赞美；不该赞美时要适可而止。

技巧7　赞美更能增加夫妻之间的幸福

很多人觉得夫妻在一起生活很多年了，彼此都了解对方，没有必要再赞美。恰恰是因为在一起生活多年，才需要赞美对方，让对方感受到你时刻需要对方的存在。

这是一个论坛上的故事，不知是真是假，却令人深思。

清晨，一对新婚夫妻双双起床准备外出。新娘婚后第一次出门，想着要好好在外人面前表现表现，所以刻意打扮了一番，穿了一套崭新的衣服，并且很自信地问新郎："我今天穿这套衣服出去，怎么样？好看吗？不会给你丢脸吧？"

新郎好像还没有睡醒，惺忪着双眼说了一句："难看死了！换一套吧！"

新娘蓦然一惊，一言不发，转身回屋又换了一套出来，又问新郎怎么样？

新郎看了一眼，又说："这样子还是不怎么样，如何出去见人呢？"

新娘这一次满脸通红，默默回到卧室，半天没有出来。

新郎焦急地等了半天，不见新娘的踪影，走进屋里一看，发现新娘已经悬梁自尽了。

刚刚进门的新娘，就吊死在新房里，成了远近皆知的奇闻。大家都搞不清楚是怎么回事，只有新郎清楚这其中的原因。新郎对自己的失言感到十分后悔，但是一切都已经晚了。

即使是最亲密的夫妻，双方在讲话的时候也要注意，要给对方留一点面子，适当的时候要赞美一下对方。好的赞美是夫妻之间良好感情的润滑剂。如果只是一味地打击对方的自信心，肯定不会有好日子过。试想一下，如果例子中的新郎能适当地给自己的新婚妻子一点赞美，那么结果肯定不是那样。

有很多人问，夫妻之间已经很亲密了，还需要赞美吗？回答是肯定的。夫妻之间如果互相爱慕的话，就一定有自己最爱慕对方的地方，对对方的优点要用语言给予肯定和赞美，告诉他（她）你是多么的喜欢他（她），而他（她）又是多么的优秀。

皮尔博爵士和他的妻子的爱情一直是周围人幸福的代表。有一次，皮尔博爵士和他的妻子参加一个大型的舞会。皮尔博爵士一出现，很多花枝招展的年轻女性就把皮尔博爵士围了个水泄不通，这让皮尔博太太非常难堪。然而就在皮尔博太太十分尴尬的时候，皮尔博爵士开口了："亲爱的小姐们，我有我的太太陪我已经足够了。我亲爱的太太，让我们找个清静的地方好好地喝上一杯吧！你今天晚上看起来是如此的漂亮。我想和你单独拥有这个美丽的夜晚。"

在这样大型的场合，皮尔博的一席话，立刻成为美谈。他的一番赞美深深地感动了妻子。从那以后，人们似乎也弄清楚了皮尔博和太太婚姻幸福的真正原因——他们懂得赞美。

而在我们的生活中，随着社会节奏的进一步加快，夫妻之间的赞美越来越少了：有的妻子下班以后任劳任怨地做了一顿丰盛的晚餐，等丈夫回家。丈夫回来以后，却认为这是理所当然的事情，从来没有说过"今天的菜真好吃"。有的丈夫甚至还会埋怨说：这个菜太咸，那个菜太过火了。其实，做丈夫的哪里知道，一句赞美的话，可以让妻子心甘情愿地为他做一辈子的饭，但是，很多丈夫眼睁睁地放弃了这些机会，同时也失去了赢得妻子芳心的良机。

当然，赞美并不仅限于男士对女士，有时候妻子也要适当赞扬自己的丈夫。有时候，男人在外面打拼一天会很累，或者遇上了难题心情不好，如果回到家里还听不到一句舒心的话，那么他会很失望，甚至失去自信。所以妻子在丈夫回家以后要适当地说些赞赏丈夫的话，让他放松身心，增强信心。

总而言之，夫妻之间需要赞美。赞美可以润滑夫妻关系，增进夫妻感情，巩固婚姻基础，是不可多得的维护幸福婚姻的良策，所以，大家千万不要随随便便放弃赞扬自己另一半的机会。

技巧 8 赞美是维护人际关系的最好方法

爱听溢美之词是人的天性，虚荣是人的弱点。当你听到他人的吹捧和赞扬时，心中会产生一种莫大的优越感和满足感，自然也就会高高兴兴地听取对方的建议了。

语言是人与人之间沟通的最好工具，赞美的语言更是人际关系和谐不可或缺的润滑剂。在现实社会里，会说赞美话的人，肯定比较吃香，办事情也更加顺利。当一个人听到别人的赞美时，心里总是非常高兴，脸上堆满笑容，口里连说：“哪里，我没那么好，你真会讲话！”事实上，被赞美者明知对方所讲的可能是恭维话，却还是没法抹去心中的那份喜悦。爱听溢美之词是人的天性，虚荣是人的弱点。

霍尔·凯因出生在一个非常贫困的家庭，父亲是个铁匠。因为家庭环境十分清苦，霍尔·凯因只读了8年书就辍学了，开始在外面打工为生。但是，霍尔·凯因从小就很喜欢“十四行诗”和“民谣”，非常崇拜英国诗人罗塞蒂的文学与艺术修养。

有一次，鉴于对罗塞蒂的文学与艺术修养的推崇，霍尔·凯因给罗塞蒂写了一封信。霍尔·凯因在信中高度赞美了罗塞蒂在艺术上作出的贡献，并表示自己十分崇拜罗塞蒂。

接到信以后，罗塞蒂非常高兴，立刻对从未谋面的霍尔·凯因产生了好感。罗塞蒂心想：如此赞美我的人，一定是能读懂我的诗的人，那么他也一定是个很有才华的人。没过多久，罗塞蒂就请霍尔·凯因来伦敦给自己做秘书。

给自己十分崇拜的人当秘书，这是霍尔·凯因万万没有想到的。从此，霍尔·凯因的一生发生了转变。就任罗塞蒂的秘书以后，霍尔·凯因有很多机会和当时的知名文学家往来。在这种情况下，霍尔·凯因得到了很多文学家的指点和鼓励，再加上他自己不断地努力，没过几年，霍尔·凯因便开始在文学圈内崭露头角。

后来，在罗塞蒂的帮助和自己的努力下，霍尔·凯因终于获得了成功。如今，霍尔·凯因在曼岛的私人宅邸，已成为来自世界各地观光者必瞻仰的名胜之一。

引导霍尔·凯因走向成功之路的只不过是他对别人的一次赞美。如果当初他未曾写信给罗塞蒂，说不定只能穷途潦倒地走完一生了。

可见，赞美对人的影响是很大的。赞美作为一种交际行为和手段，它的作用在于：激励人们不断进步；能对人的一生产生深刻的影响，促进人与人之间的感情。威廉·詹姆斯说过：人性的根源有一股被人肯定、称赞的强烈愿望，这是人和动物的最大不同点。谁不想被身边的人称赞？谁不希望别人肯定自己存在的重要性与价值？但是，十分露骨的奉承话却没人愿意听，而发自内心的真诚的赞美语言，却能打动任何人的心。这就需要我们不仅要有赞美别人的意识，更要学会赞美。也就是说，赞美不能是单纯的阿谀奉承，要讲究一定的技巧：

第一，赞美要发自内心、真心真意。这是赞美别人时最应该注意的地方，如果言过其实，对方就会怀疑你的真实目的。

第二，试着多赞美那些自卑感很强的人，特别是那些被压抑、自信心不足的人。他们一旦得到他人真诚的赞美，自信心会倍增，精神会焕然一新，会重新鼓起生活的勇气。

第三，赞美别人的时候不要含糊其辞。含糊其辞的赞美容易使被赞美者窘迫、混乱，甚至紧张。

第四，赞美要有分寸。我们都知道，适度的赞美能使人树立信心。反之，会使人反感、难堪。这就告诉我们，赞美别人的时候，内容要适度，要有分寸，要恰如其分；赞美的方式、地点要适宜；赞美的频率要适当。

第五，赞美要有所选择。这就是说，不要赞美别人身上众所周知的长处，应赞美他们身上既可贵又不为人知的特点，这样才更容易取“悦”于人。

人人都需要赞美，需要别人的肯定，抓住了这个心理，就抓住了交际成功的关键。多用赞美语，不用花钱就能建立良好的人际关系网。

第七章 倾听是金，把话说得入耳入心

俗话说，“一双灵敏的耳朵胜过十张能说会道的嘴巴”，只有善于倾听的人才能受人欢迎。倾听是成功沟通的开端，善于倾听，你才能了解自己、完善自己；善于倾听，才能准确地把握对方的意图，知道对方想要传达的信息和最终要达到的目的；善于倾听，更能体现出你的修养，能为人际关系创造良好的基石。

技巧1 不要剥夺别人说话的权利

嘴长在别人的身上，爱怎么说那是他的自由，你所能做的就是听，而后再说出更有力的观点来反驳他。

人们常说有权否定对方的观点，但没有权利剥夺别人说话的权利。一个人即使说得再不对，你也不应该剥夺他的话语权。

一个人要能比较容易地接受各种观点，世界本来就是丰富多彩的，人也各不相同，不可能每个人都和你有一样的观点。罗素说：“参差多态乃是生活的本源。”人不会愿意生活在一个单调乏味的世界里，所以，每个人都有说话的权利，与别人有不同的观点时，你所能做的是阐述理由，而不能耍无赖。

一个不允许其他不同声音出现的人会变得更加自我，也加大了跟他人正常交往的难度。所以，当你张口就要说出批评他人的话语的时候，请给别人说话的权利。与别人交流，给他们说话的权利是一种基本的尊重，这样才会赢得良好的人际关系，也能为获得自己的利益做出合理的铺垫。

很久以前，有一对鸠鸟在一座山里的大树上营巢而居，日子过得十分惬意。

在安稳的生活里，雄鸠辛勤地采集各种美味的果子，将自己的巢穴都装满了。懂得居安思危的雄鸠告诉妻子，先不要吃家中储藏的果实，外面现在还可以找得到其他足以谋生的食物，可以填饱肚子，如果遇到天气不好，很难找到食物的时候，就可以靠储蓄的果子维生，妻子当然对丈夫周到的考虑连声称赞。

随着时间一点点过去，巢中的果实经历了风吹日晒，逐渐脱水干燥，原来满满一巢的量，现在看起来少了很多。没有了解到真实情况的雄鸠责怪妻子，说自己早就说过这些果实不应该吃，怎么妻子还是不听呢？妻子说她根本不知道为什么会少了许多，于是它们争吵起来，不可开交。雄鸠气急之下就用嘴啄雌鸠的头顶，可怜的雌鸠竟然被啄死。

孤单的雄鸠独自难过地守在巢边。忽然天降大雨，干燥的果实吸水后涨大，重新盈满巢中，说明妻子并没有吃。雄鸠悔恨不已，然而悔之晚矣。

对于还未确定的事情，先不要急于发表自己的看法。评判是一种理性的参与方式，不只是少数人的特权，在事实面前，每个人都有发言权。虽然你有不同意别人意见的权利，但是你也不能剥夺别人发表意见的权利，这是最起码的原则。相对地，你也可以对他人的行为进行评判，但你要给他人解释的机会，我们很容易陷入自我的圈子里，喜欢用自己的思维方式去看待他人，而且也不允许他人轻易挑战自己的权威。

每个人都有说话的权利，剥夺他人说话的权利无异于剥夺他们的生命，而尊重别人的这种权利并不是一件可耻的事情。

技巧2 倾听对方的抱怨，不妄加评论

当对方向你倾诉、找你大吐苦水的时候，你应该给予理解，不要反感，更不要妄加评论，只用你的耳朵静静地倾听就好了。

上天之所以给了我们两只耳朵、一张嘴巴，就是要我们平日里多听少说。有些人认为，沟通就是要说，因此总怕别人不能了解自己的意思，一个劲儿地说，其实这是一种错误的看法。在沟通中，我们真正应该把握的不是自己说了多少，而是听了多少，这才是沟通的关键和重点。

王玲在一家百货公司买了一套衣服，可是衣服没穿多久，上衣便褪色且把衬衫的领子弄得很黑，于是，她把这套衣服拿回那家百货公司，找到那个当时跟她交易的店员，她刚想要说话，就被那个似乎很有口才的店员打断了。店员说："这种衣服，我们卖出去有几千套了，这是第一次有人来找碴儿。"这个店员说了这样的话，而且声音大得出奇，话中的含义就像是："你在说谎，你以为我们是可以欺侮的吗？哼，我就给你点儿颜色看看！"

正在双方争论激烈的时候，另外一个店员走了过来，说："所有黑色的衣服在开始都会褪一点儿颜色的，那是无法避免的。这种价钱的衣服都有这种情况，那是料子的关系。"

听了这话，王玲气得直冒火，刚想要发怒，这家百货公司的负责人走了过来，接下来，他的行为使王玲变成了一个满意的顾客。他是怎么做的呢？

他把这件事分成了三个步骤进行处理：

第一，他让王玲从头到尾说出事情的经过，他则静静地听着，没有插过一句话。

第二，当王玲讲完那些话后，那两个店员又要开始与王玲争辩，可是那位负责人却站在王玲的角度跟他们辩论，他说王玲的衬衫领子很明显是被这套衣服染污的，他坚持表示：这种不能使客人满意的衣服是不应该卖出去的。

第三，他承认他不知道这套衣服是这样差劲，而且坦率地对王玲说："您认为我该如何处理这套衣服？您尽管吩咐，我可以完全按照您的意思办。"

早在几分钟前，王玲还想退掉这套讨厌的衣服，可是现在的她却这么回答："我暂时可以接受你的建议，我想知道，褪色的情形是否是暂时的，或者你们有什么办法可以使这套衣服不再继续褪色。"

于是，这位负责人建议王玲把这套衣服带回去再穿一个星期，看看情形如何，并说："如果到时您仍然不满意的话，就请拿来换一套满意的。给您添了麻烦，我们感到非常抱歉。"

最后，王玲满意地离开了那家百货公司，一个星期后，那套衣服没有发现任何毛病。王玲发表了一番感慨，她认为，那位先生之所以能成为那家百货公司的负责人，就是因为他能够倾听顾客的心声；而那些店员之所以一直停留在店员的位置上，就是因为他们从来都没想过听完顾客要说的话，总是中途就把对方给打断了。

在谈话一开始挑剔的人，往往会在一个具有耐心的倾听者面前软化下来。注重实际的学者伊利亚说过："一个成功的人际交往并没有什么神秘的诀窍，专心地静听他人对你讲的话是最重要的，再也没有比这个更重要的了！"

古希腊著名的哲学家苏格拉底曾经说过："上天赐给人两只耳朵、两只眼睛，却只有一张嘴，就是要人们多听、多看、少说。"寥寥数语便形象而又深刻地强调了倾听的重要性。在交际过程中，学会倾听尤其重要，是否善于倾听，关系到交际活动能否顺利开展。

在交际过程中，当他人怒气冲冲地质问你的时候，千万不要与他争论，而是要耐心地听完他的抱怨。或许，在他的怒气得到平息的时候，你听到的将是道歉，你得到的也将是友谊和理解。

倾听往往能起到化腐朽为神奇的作用，一位长者这样教育他的后辈：“当有人来向你诉说他的问题，千万不要随口说你明白，因为实际上你一点儿也不明白；更糟的是，你根本没有听他诉说。”当然，很多时候，我们会不知不觉地重复地说“我明白”，其实这只是在强调我们在听对方说话。但如果我们将“我明白”说得太多的话，便很容易招致别人的反感。

试想，如果对方被一个问题已经困扰几天甚至几个月、几年，这就说明这件事对他来说十分重要，而我们竟用一句“我明白”来打发对方的抱怨，对方会是怎样一个心情？

也许作为一个旁听者，会客观地将对方的问题分类，从而就能总结出这类问题的解决办法。但其实，每个人的问题都是有所不同的，是不能共用一个回答来解决的。你把对方的问题简单化，就是在否定对方的思考能力。

因此，当对方抱怨的时候，你能做的就是闭上你的嘴巴，只做一个倾听者。你要明白，诉说的人到底期望什么？是要你帮助他解答他多年解答不出的问题，还是要你做一个聆听者？如果将角色调换一下，你肯定会选择后者。因为简单的倾听会让对方觉得你在关注他的问题，愿意了解他的心意。

聆听的好坏，所产生的后果很大，无论对诉说的人还是对聆听的人都有很大的影响。聆听的艺术也构成了我们人际关系和互相交流的特色。但既然是一种艺术，聆听就有和其他非艺术的东西不同的地方。谚语有言：“讷于发言而敏于聆听。”发言比聆听要容易得多，因为聆听需要克制自我，必须把注意力从自我身上转移到他人身上，以便进入他人的内心。此外，我们大家都免不了受偏见以及先入为主等观念的影响，而解决这些问题的办法就是做一个安静的倾听者。

技巧3 静静聆听是对他人最好的尊重

在交际过程中，对他人最好的尊重不是逢迎赞美，也不是夸夸其谈，而是做一个忠诚的聆听者。

美国新闻记者马可森以采访领袖人物而著名，当别人问他是如何引导大人物做访问时，他说："很多采访大人物的年轻人不明白为什么自己不能给对方留下一个好印象。在那些大人物看来，这些年轻的记者通常是有偏见或者很粗心的人。实际上，这多半是他们咎由自取，他们或是没有认真倾听被采访者的谈话，或是只想说自己想说的。很多大人物都对我说，他们喜欢那些善于倾听而非健谈的人。由此可知倾听是非常重要的才能。"

可见，在交际过程中，越是善于倾听他人意见的人，人际关系就越理想，因为聆听是褒奖对方谈话的一种方式。你能够耐心地倾听对方的谈话，等于告诉对方"你是一个值得我倾听你谈话的人"。而只有善于倾听的人才会像一个淘金匠那样从别人大量的语言矿石中提炼出自己最需要的成分。

在交际过程中，我们经常能看到一些喜欢夸夸其谈的人，但是这些人到了最后很少能给人留下好印象，究其原因，就是因为他们忽略了最重要的交际策略，即倾听。

在交际过程中，经常会出现这样的情况，有些人在听别人谈话时觉得自己对某个问题有其他的看法，因此就断然抢过别人的话，不顾对方的想法，而自己一个人在那儿大肆议论，这是不尊重对方的表现。一般来说，在交际过程中，要尽量让对方说完他要说的话，尽量不要打断或抢对方的话题，这不但会扰乱对方的思路，还会使对方觉得自己的自尊心受到了伤害。因此你要明白，在交际过程中，有时候，听比说更重要。

乔·吉拉德是世界著名的推销员。在他刚踏入推销领域时，他认为推销员应该通过尽力说来介绍自己、介绍产品。而在他的一次推销过程中，他体会到了听的价值远远大于说。

在一次推销中，他与客户洽谈得很顺利，就在快签约成交的时候，对方却突然变卦了，乔不知道发生了什么事，对此十分不解。

当天晚上，乔·吉拉德决定问个清楚，便按照顾客留下的地址亲自找上门去。顾客见他满脸的真诚，就坦然相告："你的失败在于你自始至终没有认真听我讲话。在我准备签约前，我讲到我的独生儿子即将上大学，而且提到他的运动成绩和他将来的抱负，我是以他为荣的，但是你当时却没有任何反应，甚至还转过头去用手机和别人通电话，于是我一生气就改变主意了。"

同样，当我们换个角度看问题，就会理解，假如别人向我们倾诉的时候，如果我们用毫不在意的态度对待他人，他人自然也会感到自己没有得到应有的尊重。从心理学的角度来看，善于倾听会使对方心情愉快，会换来对方的理解和信任。

赫斯特也说："一个日理万机、交际广泛的人绝对也是世界上最棒的倾听者。当他想让你开心时，他可以让你感觉自己像公主或王子一样受宠。"

在交际过程中，比起说出对方不感兴趣的话来，倾听能够起到更好的效果。因此，尽管一些人有着很好的口才，可是他们常常不仅饶有兴致地听他人讲话，还会把倾听时那种美好的感觉表现出来。然而却有很多人忽略了这一点，即便是在他们急于恭维的人面前也不例外。

由此可见，倾听便是你所能给予他人的最好的赞美。倾听不仅是诱导他人说话的良策，更是一种取悦于人的十分简单的方法。

技巧 4 对方表达有误时，先保持沉默

每个人都会出现过失，当别人表达有误时，不要直言指出，给他人保全面子，也给自己留下回旋的余地。

《呻吟语》是明末大思想家吕坤所著，他在书中说：“责人要含蓄。”意思就是在指责他人的过失时，最好不要把心中想要说的话一次性地完全表达出来，这是他从政治生涯中总结出来的名训。《菜根谭》中也有“攻人之恶毋太严”的训语。《呻吟语》中指出：“指责他人之过，需要稍作保留，不要直接地攻击，最好采用委婉暗示的比喻使对方自然地领悟，切忌露骨直言。”

生活中，即便是父子关系也不能太过直言，做儿子的因为做错了事、说错了话，当场遭到父亲的一通指责，心里定会不好受，更何况是其他人。父子毕竟有血缘关系，不是一两句话就能割舍得了的，但朋友就不一样了，有时无情的反驳和过激的言辞都能造成友情的断裂。

因此，我们在说话的时候无论怎样都要给自己留下一条后路。与人争辩时也是如此，以严密的辩论将对方驳倒固然会有成就感，但未必一定要将对方批驳得体无完肤。只要略想一下就可以知道，这样做实际上是很愚蠢的，对自己不但毫无益处，甚至还会适得其反，不仅得不到对方的认可，甚至有一天会自作自受，受到对方的攻击。

言辞太苛刻、太犀利，不为他人留情面不但伤害了别人的自尊，也使别人对你产生反感；长此以往，你还会很容易养成专门挑剔别人错误的恶习。这种以驳倒他人来获取满足感的做法会使你变得骄傲，甚至因此让你失去所

有的朋友。

无论在哪个朝代、哪个国家，人与人交往的必备条件就是互相尊重。在人与人之间的交往中，如果你抓住对方的错误就加以苛责，一定会令对方感到十分尴尬，由此你应该加以小心，因为对方总有一天要报这“一箭之仇”的。因此，即使你要指责对方，也要为对方留一点儿退路。

如果你不愿意别人损害你的尊严，那么你也绝对不能去伤害别人的自尊心。当与他人发生摩擦时，最先做的是要了解他的想法，然后在顾及对方颜面的前提下把自己的意见说给他听，给对方留有余地，这是处理人际关系时必须要注意的。

在人际交往中，要想应付自如，就要在这方面留心。正所谓“君子之交绝不出恶声”，意思是在这个世界上，当与人亲密地交往时，要以诚意待人，即使到最后要断绝往来，也不要口出恶言、责备对方的不是、诽谤对方，这样做才是一个聪明的人。

一个人拥有卓越的口才绝对是一件值得高兴的事，可是如果你是一个喜欢辩论的人，你的口才往往会给你带来一些意想不到的麻烦，正如人们常说的“祸从口出”。因此，有口才就要学会恰到好处地用，时常留点儿口德，保全别人的面子，也给自己增添光彩。

技巧5 切忌强行打断对方的话

打断别人说话是种很不礼貌的行为，也会招来对方的厌恶之情。如果你不喜欢别人打断你说话，请你也要尊重别人说话的权利。

有一对年轻的恋人，男孩让女孩明天自己先到餐厅坐着等他，他要迟一点儿来。

男孩的话还未说完，女孩已经迫不及待地责问男孩是什么意思，明天是他们的相识纪念日啊，说好了下班一起坐车到餐厅庆祝的，现在让她先去，他却要迟一点儿到，她认为男孩根本不重视这个纪念日，与其这样，干脆不要庆祝了。女孩说完便一手推开男孩，继而背对着他。

男孩随即对女孩说，发那么大脾气干吗？他的话还未说完呢！他要迟一点儿来，是因为前几天在饰品店订了一对戒指，因为没有他和女孩的尺码，所以要特别订购。本来今天可以取货的，但刚才饰品店打电话来说要明天才能有，所以他唯有明天下班先赶往饰品店然后才能去餐厅……

此时，女孩再一次中断男孩的话，说他们可以下班后一起前往饰品店取戒指，这时，男孩再也按捺不住了，大声说："你为什么总不让我把话说完呢？"他刚才正想说因为饰品店与餐厅距离很远，下班的时间人多拥挤，他不想让女孩那么辛苦，所以才叫她坐在餐厅等他，而自己一个人去，女孩这才住口了。

打断别人讲话是很没有口德的表现，这种情况要尽量避免，否则会引来别人的厌烦和愤怒。

如果有人要发表自己的看法，那一定有他自己的理由，作为听众，应该让他讲完，而不是不管三七二十一地诋毁他人、打击他人的心灵，尤其是你自以为什么都清楚，其实并不是你想象的那样时，你要绝对理智，就算讲话的人没考虑将后面的话说完，你也要耐心劝解，弄清事情的真实情况。

粗鲁地打断别人的谈话毫无疑问会对你了解别人的意思产生影响。每个人的能力都是有限的，肯定有许多东西是你个人所无法了解的，然而，通过倾听，我们可以获取更多有用的信息，从而一起分享众人的知识和经验。其实，只要避免打断别人的讲话，并且带着欣赏的眼光去听，把别人的说话看作是自己学习的机会，你就会发现别人的闪光点，会从别人的某个闪光点中获得启迪和感悟。

不要打断别人的谈话，但要学会去伪存真。让人把话讲完实质上就是一个获悉对方信息的过程。要学会辨别说话人的动机，仔细考虑他说的话是否有利于事情的成功，而不是看对方的话是否中听。要学会听出言外之意、话外之音。只有让人把话讲完，才有可能了解到真相。

不要粗鲁地打断别人的谈话，但可以用聪明的办法适当引导。学会倾听绝不是说让你双唇紧闭、一言不发，而是要学会善于引导对方的谈话，使他说出自己的真实看法，或者引出双方都感兴趣的话题，这样就能使交谈的气氛更轻松融洽、目的更明确、结果更有效。

一旦注意到自己时常有打扰他人谈话的行为，你就应意识到自己的这种带有潜在危险性的行为习惯只是一种无知的体现。对你来说，意识到这一点实际上是一则好消息，因为你看到了自己的缺点，你下一步要做的就是自持——下一次要放任自己的时候及时自律，这也是一种人格的修养。

不打断别人的说话是对他人的尊重，也是对自己的尊重；不打断别人说话既是一种修养，更是一种美德、一种交际的艺术。在你开口之前，让别人把话说完能体现你的风度，能表现出你对别人的理解与宽容。因此，要想获得别人的尊重、有一个好人缘，就得尊重他人说话的权利，不要轻易打断。

技巧6 雄辩之中有技术，倾听之中有艺术

作家鲍威尔曾说：“我们要聆听的是话语中的含义，而非文字。在真诚的聆听中，我们能穿透文字，发掘对方的内心。”

人们常说“会说的不如会听的”，每个人都有表现自己的欲望，如果你能

适时地做一个倾听者，包容别人在表现这些欲望时对你的侵害，理性地对待一些不中听的话，那么一定会获得更多的益处。

人们都喜欢倾听者，有同情心的倾听者和亲密的朋友一样重要，无论对个人还是对团体都能起到积极的作用，并且让人们感觉他们相当可靠、值得信赖。

倾听者会在考虑自己的需要前先考虑他人的需要，并且会支持和帮助他人。倾听者喜欢进入他人的心灵和头脑，他们乐于分享他人深层次的感受。人们倾向于向倾听者打开心扉，是因为人们渴望被关怀，而且真诚的倾听者也确实做到了这一点。

当他人受到伤害时，倾听者也同样有受伤的感觉，就如同他自己经历过一样，当他人心痛的时候，他们的心也真的痛了起来。为了帮助他人克服这种伤害，他们总是和他人更接近，所以他们愿意听更多人诉说以达到心灵的相通。

倾听者充满人性，并且极为忠诚。如果他们需要在工作中得到满足，他们会更加努力，愿意倾听所有的声音，而不论其身份，他们对任何人都有同情心，这就是他们的魅力所在。

每个人都喜欢倾听者，倾听者是无法抗拒的，因为他们富有同情心，愿意分享人们的弱点，愿意听人们诉说不愉快的情绪。如果你想要其他人喜欢你，那么就去做个倾听者，真诚地去倾听别人内心的声音。

当你面对着对方，要用眼睛和耳朵一起听他说话，一边听，一边用心地想别人所说的话。最后，这个对你说话的人会觉得自己已说了他要讲的话。

如果你在听别人倾诉时目光游移不定、注意力分散，甚至左顾右盼，你就不是一个真正的倾听者。当然，你可以在听的时候喝一杯咖啡或者抽一支烟。在倾听时，你还应该进行一些恰当的交流和引导，让对方在倾诉过程中对于所面对的问题有更多的认识和了解，并且鼓励他凭借自己的力量寻求解决问题的方法。

你可以在谈话中采取下面的两种方法，引导别人找到解决问题的方法。

1.用你自己的话重复一遍你所听到的内容，例如“你认为……”一方面，你可以借此向他表示你用心倾听了他讲的话；另一方面，你也给了他一个机会，使他能够对他所说过的话进行一些修正和补充。

2.在谈话的过程中，你应该适当地分析对方的心理状态，可以从你的角度评价对方的感情状态。例如“你这样生气，对……”你所说的可能正是对方并未意识到的事情，你就有可能说中了问题的重点，同时也使他清楚地意识到自己的问题所在。

这样一来，你就做到了真诚的倾听、帮助别人排除了忧虑，你的人际关系也就在这个过程中建立了，如此，既了解了对方的内心世界，又赢得了对方的喜欢，解决了实际问题。倾听可以化干戈为玉帛，让你与别人得以互相容忍，最终得以“相逢一笑泯恩仇”。由此可见，倾听确实是一件非常奇妙的事。

雄辩之中有艺术，沉默中也有，听出而不点破才是最高深的说话艺术，然而多数人往往将此忘记，只听不说 结果丢了人缘、失了人脉。

技巧 7 善于倾听的领导是负责任的领导

倾听是一种态度、一种修养，更是一种责任的体现。作为一个团队的领导，不仅要听上面的指示，还要听身边的建议，更要听群众的意见和呼声。

孔子说：“多闻阙疑，慎言其余，则寡尤；多见阙殆，慎行其余，则寡悔。言寡尤，行寡悔，禄在其中矣！”孔子告诉子张，想做一个好干部，要知识渊博，宜多听、多看、多经验，有怀疑或不懂的地方则保留，等着请教他人，讲话要谨慎，不要讲过分的话。这样处世就少后悔，行为上就不会有出差错的地方。这样去谋生，随便干哪一行都可以，禄位的道理就在其中了。

一件事情，参与讨论的人越多，则可能出现的意见也就越多，因为每个人都有自己各自不同的背景，有各自不同的知识储备，形成了各自不同的看问题的角度和方法，也有各自不同的价值观。可以说，这是非常正常的，而一个善待意见的领导，会用心去听每个人的意见，在沉默中分析、权衡、取舍，然后形成自己的总结性的意见。

曹操之所以能成就大业，在于他的英明决策，而他的决策来源于听取下属或身边人的意见。曹操每次战役前都让手下人讲各自的主张，他先不说话，只是听着，甚至连头也不点一下或摇一下。曹操讨伐诸多敌手、平定中原时，众多幕僚在侧，为其策划，为其谋略。幕僚多是有个性的读书人，他们常常坚持己见，彼此争得面红耳赤。曹操喜欢这种辩论、争吵的场面。曹操得以图天下的旗帜举措，也是他霸业的基础——“奉天子以令不臣”，就是荀彧等幕僚在争执中诞生的。

曹操是有思想的人，他听意见是为了补充、修改和完善自己的想法与方案。建安十七年，董昭等人建议曹操晋爵位为国公，曹操问荀彧可不可以这样做。荀彧却提出反对意见，他说：“彧以为太祖本兴义兵以匡朝宁国，秉忠贞之诚，守退让之实；君子爱人以德，不宜如此。”荀彧认为曹操应该继续坚守“远虚名”的策略，以退让和至诚为原则，不应该封公建国。曹操笑了笑，没有说什么，就让荀彧离开了。这一次，曹操没有接受他非常信任的荀彧的意见，而是采纳了董昭等人的意见。

曹操能容许周围的人和自己的意见相左，甚至是政见，因为他清楚自己的能力和目的，不会让不同的意见真正触怒自己，这也是他非凡的容人能力和敢于唯才是举的原因之一。

所以，作为领导，学会在沉默中倾听是必要的；要多听取别人的意见和建议，不要急于和随便发表议论。听不进别人意见的人与口无遮拦的人都不会成为职场的胜利者。只有多闻慎言，多见阙殆，凡事心中有数，才能更好地做人做事。

技巧8 熟悉倾听艺术中的3个层次

美国著名心理学家托马斯·戈登研究发现，按照影响倾听效率的行为特征，倾听可以分为三个层次。一个人从最低层次成为最高层次倾听者的过程，就是其沟通能力、交流效率不断提高的过程。

最低层次：在这个层次上，听者完全没有注意说话人所说的话，假装在听其实却在考虑其他毫无关联的事情，或内心想着辩驳。他更感兴趣的不是听，而是说。这种层次上的倾听，会导致关系的破裂、冲突的出现和拙劣决策的制定。

中间层次：人际沟通实现的关键是对字词意义的理解。在这个层次上，听者主要倾听所说的字词和内容，但很多时候，还是错过了讲话者通过语调、身体姿势、手势、脸部表情和眼神所表达的意思。这将导致误解、错误的举动、时间的浪费和对消极情感的忽略。另外，因为听者是通过点头同意来表示正在倾听，而不用询问澄清问题，所以说话人可能误以为所说的话被完全听懂理解了。

最高层次：一个优秀倾听者的特征是，可以在说话者的信息中寻找感兴趣的部分。他们认为这是获取新的有用信息的契机。高效率的倾听者清楚自己的个人喜好和态度，能够更好地避免对说话者作出武断的评价或是受过激言语的影响。好的倾听者不急于作出判断，而是与对方感同身受。他们能够设身处地地看待事物，更多的是询问而非辩解。

托马斯统计，约有80%的人只能做到低中层次的倾听，在高层次上的倾听只有20%的人能做到。如何实现高层次的倾听呢？以下是学习高层次倾听的一些方法：

①专心：通过非语言行为。如眼睛接触、某个放松的姿势、某种友好的脸部表情和宜人的语调，这将建立一种积极的氛围。如果你表现得留意、专心和放松，对方会感到受重视和更安全。

②对对方的需要表示出兴趣：你带着理解和相互尊重进行倾听，才能表现出对对方的需要的兴趣来。

③以关心的态度倾听：像是一块共鸣板，让说话者能够试探你的意见和情感，同时觉得你是以一种非裁决的、非评判的姿态出现的。不要马上就问许多问题，不停地提问将给人以听者在受“炙烤”的感觉。

④表现得像一面镜子：反馈你认为对方当时正在考虑的内容。总结说话者的内容以确认你完全理解了他所说的话。

⑤避免先入为主：产生先入为主的思想主要是因为个人态度投入过多，以个人态度投入一个问题过多时往往导致愤怒和受伤的情感，或者使你过早地下结论，这样显得武断。

下篇

做靠谱的事

你做事会让周围人放心吗？周围人会因为你的做事效果称赞你吗？事有大小，任何的大事都是每一件小事积累而来。做事时，要从小事出发，做好每一件小事，得到每一次小小的称赞，这样日积月累起来，必然能做成大事。在还没有经历小事的磨炼时，记住，千万别贪心，别因为冲动夸下海后或者豪言壮语，待真正遇到大事时却手足无措，最后一事无成。

第八章　沉得住气，把事办得功到自成

想做成一件事情，必须要懂得“熬”，用“熬”的精神去沉淀、去忍耐，待到机会成熟时，一飞冲天，让他人对你刮目相看。沉得住气之人一定是经历了无数痛苦，无数隐忍之人，沉得住气之人也一定会是个成功的做事者。

修炼 1　耐得住寂寞才有机会一飞冲天

寂寞不是消极厌世，颓唐沮丧，而是对追名逐利、浮躁骄矜的一种睥睨，是对市侩俗气、纸醉金迷的一种无谓，是在宁静淡泊、耿介拔俗中默默耕耘的一种精神境界。

在追寻梦想的道路上，很少会有传奇的故事发生；在平平淡淡的生活中，每天都要去做很多重复和无聊的事情。可以说，我们每个人的大多数时间都是孤独和寂寞的。我们一定要耐得住这些寂寞，否则，永远也不会追寻到自己所向往的那个梦。

寂寞到底是什么？也许很少有人能把它具体地说清楚，不过它却从来不曾消失过，反而如影随形般地存在于每个人心中。“举杯邀明月，对影成三人”是一种寂寞；“江天一色无纤尘，皎皎空中孤月轮”也是一种寂寞；“高处不胜寒，起舞弄清影”又是一种寂寞……

可见，寂寞可以把生命变得如此之美丽。可是当我们面对寂寞的时候，感受到更多的是苦涩艰辛。比如司马迁的不朽名著《史记》，便是寂寞与泪水的产物。

公元前99年，李陵兵败后投降匈奴，司马迁挺身上前为其辩护，汉武帝听后勃然大怒，遂将司马迁打入大牢，后又将其处以“宫刑”。

牢房里的生活是极为清苦难熬的，而且司马迁还要忍受各种肉体和精神上的折磨，他本想一死了之，可想到自己年轻时辛苦搜集的资料，要是付之一炬的话，是多么可惜呀！于是他发愤著书。

司马迁在他大概50岁的时候终于获释出狱，而且还当上了中郎令。在别人眼里，他完全可以安享晚年了，可司马迁仍然继续埋头著书，直到书稿完成。

为了完成写史书的梦想，司马迁忍辱负重，甘愿忍受痛苦和寂寞。利用这痛苦和寂寞，不仅成就了自己的辉煌，也成就了历史的灿烂。《史记》的耀眼出世，是司马迁与寂寞相守的回报，是他与寂寞交谈的硕果。

司马迁正是凭借着这种“与寂寞为伴，与寂寞交谈”的精神，终于完成了他的鸿篇巨制——《史记》，从而让他的梦想得以实现。耐得住寂寞是生命真正成熟的重要标志之一，因为这需要一种对人生高尚的信念，对梦想强烈的追求，以及坚韧的持守力和意志力。唯有此，人生始有所成。

守得住寂寞不一定就能通向成功，但所有的成功必来自于寂寞奋争的过程。寂寞也是一种考验，是否耐得住寂寞，是对坚守的考验：有的人能够守住精神的底线，有的人却成了道德的叛徒。同时，也是对修炼的考验：有的人面对诱惑，从容镇静，能够参悟人生的真谛，有的人却被生活所控，跌入地狱的深渊。

人生不需要急于去发布任何宣言，关键是要诚实而又慷慨地抛洒汗水。特别是在他人与环境对自己不利的情况下，要是仍能保持住一颗沉稳而平和的心，这便是甘于寂寞的超凡风度。“十年寒窗无人问，一举成名天下知”。这句话正是表现了寂寞与成功的关系。大凡最终达到成功彼岸的人，都是能够在无人问津的寂寞中坚守着自己心中的梦想的人。

寂寞是生命里的第一缕阳光，“譬如朝露，去日苦多”；寂寞是人生历经百转千回的感悟，“蓦然回首，那人却在灯火阑珊处”；寂寞是人生的留恋，“家祭无忘告乃翁”……寂寞是承载生命的帆，扬帆远行是一种美丽。

生命里有太多的牵扯，例如功名利禄，它们如绳一样束缚着生命。只有静下心来独自品尝那份寂寞，才能感到旷古的钟声是那样的悦耳。生命因为承载太多而苦不堪言，如果能够放下，就会发现，生命也会因为寂寞而更加厚重。

相信每一个成功的人都有独到的秘诀，而秘诀的重要配方离不开寂寞。寂寞就好比是长夜里的一盏孤灯，虽然冷清但却可以闪闪发光；寂寞就好比是绿草深处的一声蛙鸣，虽然孤寂却可以蓬勃生机；寂寞就好比是无垠沙漠里的一株红花，虽然寥落却洋溢生机；寂寞就好比是古老水井上的一片苔藓，虽然古老却孕育生命。

在一个人尚为美好的岁月里，我们去追寻梦想，可结果却总是两手空空，也许没有人敢说“我将来一定会成功”，可要想取得成功必须要做的就是：耐得住寂寞。

修炼2 忍辱负重，最后一刻再爆发

笑到最后的人才是真正的英雄，不要被开始的失败和屈辱折服，忍辱负重，直到之后一刻才爆发，这样的爆发才会充满能量。

俗话说，“留得青山在，不怕没柴烧”，这就需要我们先把泪水咽下去，然后忍辱负重，以图将来。也许只有忍到最后那一刻，才会产生意想不到的变化，才会看到事情的转机。只有笑到最后的人才是真正的英雄。

张良忍辱下桥取履，终为帝王之师；韩信忍胯下之辱，统帅百万大军，终于拜将封王；刘备隐忍苟活，寄人篱下，终成帝王大业。这些人虽然没有“万乘之尊”，但都能在条件对自己不利的情况下，坚强地把泪水给咽了下去了。他们含垢忍辱，忍常人所不能忍，最终取得了常人未有的成就，名留后世。忍辱负重最为著名的还要算越王勾践。

春秋争霸时，越王勾践因不听贤臣良言，长刀相向，遭来忍受亡国之痛，方知悔恨。为了活命，为了复国，他舍弃尊王之位，含垢忍辱，派文种携带美女宝器贿赂夫差的宠臣伯嚭，才使吴王夫差允许越国求和。

勾践随后带着妻子作为人质，来到吴国侍奉夫差。夫差出行，为其当马夫，牵马坠镫；夫差生病，他亲自送茶送饭，端屎端尿，甚至亲尝夫差的粪便。终于赢得夫差的信任，被释放回国。

返回越国以后，他亲自到民间访问疾苦，与有才之士共商治国大计。为鞭策自己，他卧薪尝胆，过着贫苦百姓的生活。励精图治，发奋图强，十年生聚，十年教训，终于使越国民强国富。

后来他抓住了稍纵即逝的机会，出兵攻打吴国，最终报了亡国辱君之痛，成其春秋霸主之名。

正是因为勾践为雪会稽之耻，才忍屈受辱，不惜重金收买奸臣，不惜寄人篱下当马夫，不惜尝夫差的粪便，不惜用各种方式来表明对夫差的无限忠诚。舍弃尊位，为的是有朝一日站在姑苏台上，雪耻建国，那时大势已不可逆，吴国最终是被这位“忍大辱，沉大气”的越王打败。

忍耐是在沉默中审时度势、排除万难、积蓄力量，是一种酝酿胜利的高超手段。这实际上体现了一种动态的平衡，是一种形式的转换。正是由于能忍者胸中自有远大的抱负，故而眼光长远，在自己暂时不利的形势下，隐忍深沉，以图将来，终成他人所未有的大事。

“古之所谓豪杰之士，必有过人之节，人情有所不能忍者。匹夫见辱，拔剑而起，挺身而斗，此不足为勇也。天下有大勇者，猝然临之而不惊，无故加之而不怒；此其所挟持者甚大，而其志甚远也”。那些缺乏胸襟气度、目光短浅的人只能成为世人笑柄，以提供血的教训成为他人借鉴的对象。

留下东山再起的资本，给自己一次翻身的机会。一个人，无论做什么事都要为自己留条后路，如果在你力量还没有达到的情况下，只是一味地向前冲，“撞了南墙也不回头”，最后只能是彻底地失败，再也爬不起来。所以，要想获得成功，要想从失败中爬起来，就要学会忍辱负重，千万不要陷入失败的情绪中不能自拔。

修炼3 "熬"一旦爆发，必定石破天惊

"熬"是一种力量，一旦爆发，必定惊人。这是一个修炼的过程，在"熬"的过程中积累能量，去其糟粕，"熬"到最后的才是精华。

璞要经过工匠的千雕万凿，才能成为价值连城的美玉；蛹要经过痛苦的四次脱皮，才能变成翩翩起舞的飞蝶。其实，人生本身就是一种修炼的过程，这种修炼就是一种"熬"，煎药般的"熬"，煲汤似的"熬"。

渴望成功就不要畏惧"熬"的艰辛。凭着一种"熬"的韧性，20年来潜心做了一件事，终于让五湖四海的人们几乎在一夜之间认识了他——轰动网络的历史小说《明朝那些事儿》的作者——石悦。

成名之前，石悦是一个再普通不过的人：出生在平凡百姓家，性格偏内向；从上学以后成绩一直都是不好也不坏，没有任何特长，一直被老师、同学视为资质平庸、未来平平的男孩儿。

石悦唯一与众不同的，就是对历史的痴迷。还在上小学时，当别的男孩子整天拿着变形金刚、仿真手枪玩得不亦乐乎的时候，石悦却对汗青故事书情有独钟。一套《上下五千年》，是他童年、少年时形影相随的"好伙伴"。进入大学，许多同学谈恋爱，玩网游，而石悦仍然将自己的课余时间全都交给了史书。只要一有空，他就会一头扎进图书馆，如饥似渴地阅读着一本又一本厚厚的历史丛书。

大学毕业后，石悦考取了公务员。在实际生活中，他不抽烟不喝酒、不

打麻将不泡吧，也不爱交朋友，一点都不像“80后”的年轻人。下班后，基本上没有任何休闲活动与社交应酬，常常将自己关在狭小的房间里，独自沉浸在那些刀光剑影、富贵浮云的汗青往事中，或者奋笔疾书记录一些有趣的历史故事。

直至有一天，一个名叫《明朝那些事儿》的汗青小说帖，在天涯论坛、新浪网站风起云涌，深受网友追捧，每月的阅读点击率超过百万。当很多出版商赶赴石悦的单位争相要和他签订出版合约时，大家方才发觉这个平时毫不起眼、有点木讷内向的青年就是目前网络中鼎鼎大名的当红笔者“当年明月”。

后来，有媒体记者向石悦讨取成功经验时，他调侃地说道：“比我有才华的人，没有我努力；比我努力的人，没有我有才华；既比我有才华、又比我努力的人，没有我能熬！”

新东方创始人俞敏洪说：“伟大是熬出来的。别人需要五年做的事，我做十年；别人做十年的事，我做二十年。坚持下来，即便不成功，也尽力无悔了。”石悦的成功确实是熬出来的，正因为他二十年如一日地潜心“煎熬”，才会换来今天的辉煌成就。

人活一世，犹如白驹过隙般短暂，可在日常的生活里，那些日复一日的平淡，又会让我们感到日子非常漫长。没错，片刻的辉煌太诱人了，眼前的好处也太实在了，要想熬得住实在太难了。“熬”就是对于自己的事情不轻易放弃，不随便离开自己的位置，就在那里一步一步地努力，有时候就好像龟兔赛跑的那只乌龟，未必跑得快，但“熬”得住，能笑到最后。

人生中那些进进退退是非常平常的事情，关键是能否“熬”得住。真正潜心做事的人都会体会到：成功是“熬”出来的。一个“熬”字，多少时光岁月流转、多少点滴琐碎。“熬”字就是“难”字，就是“慢”字，就是“痛”字，就是“忍”字。明白这些转换，才能体会“熬”的无尽内涵。这种

“熬”的结果，即便不成功，也诠释了最好的自己。

此刻，耳边仿佛又回响起圣人古训：“天将降大任于斯人也，必先苦其心志，劳其筋骨，饿其体肤，空乏其身，行拂乱其所为，所以动心忍性，增益其所不能。”

从忍受煎熬到享受煎熬的过程，就完成了一个成大事者历经磨砺进而蜕变腾飞的华彩转身。只有熬得住苦难的沉重，爆发时才能撑得起未来的辉煌。

修炼 4 十年磨一剑，用忍耐力铸造成功

十年磨一剑，是一种把控的能力，是认准目标坚定步伐的毅力，是排除忧扰甘于寂寞的心态，更重要的是，它是沉而后发、成就人生大器的一种智慧。

在如今的快节奏时代，“十年磨一剑”的沉稳与平和，已然被人尊为“圣贤之境”来顶礼膜拜。很多人都会以社会过于浮躁为借口，有意无意地趋向于眼前的功利。须知在充满崎岖的人生之路上，没有这“磨”的精神，又怎能坚定不移地朝着那个既定目标走下去？只有这种“磨”，才能体现出一种人生价值，闪烁出一种人格光辉。

1983 年，香港地产业出现低潮，李嘉诚立即抓住大好时机，与港府进行谈判。结果他仅用 3.9 亿港元就获得了商业住宅的开发权。这样，李嘉诚就大大降低了发展成本，屋村的每平方英尺成本不及百元。屋村计划尚未实施，李嘉诚就赢取了一笔可观的价值。

1984 年年底，李嘉诚领导的“和黄”共投资数十亿港元兴建黄埔花园屋

村。这样宏伟的屋村工程在香港地产业史上是前所未有的，即使在世界范围，它也足可称雄。

在香港，地盘是商业发展的先锋。兴建大型屋村最关键的困难，在于获得整幅的大面积地皮。为此，李嘉诚总是胸怀全局，整天苦思冥想。1985 年，李嘉诚收购港灯，其实他“醉翁之意不在酒”，他在意的是港灯的地盘。

港灯的一家发电厂位于港岛南岸，与之毗邻的是蚬壳石油公司油库，蚬壳另有一座油库在新界观塘茶果岭。李嘉诚收购港灯后，想方设法将电厂迁往南丫岛。这样，李嘉诚运筹帷幄，获得了两处可用于发展大型屋村的地盘。

1988 年 1 月，全系长实、和黄、港灯、嘉宏四公司，向联合船坞公司购入茶果岭油库后，即宣布兴建两座大型屋村，并以 8 亿港元收购太古在该项计划中所占的权益。这样，李嘉诚又获得了两大屋村。两大屋村最后赢利 100 多亿港元。

丽港城、海怡半岛两大屋村也是如此，对它们的构想萌动于 1978 年李嘉诚着手收购和黄之时。之后，经过他长期耐心地等待时机、用心策划，其间 1985 年收购港灯，使其构想向前迈了一大步，1988 年方才全面推出计划。

李嘉诚是名副其实地“十年磨一剑”，人们之所以常常称他为“超人”，是因为他有着过人的胆识与气魄，同时通过上面这则事例，我们又不得不佩服他有着坚持不懈的耐心。正所谓耐跑的马脱颖而出，坚持的人笑到最后。

成功的人之所以能成功，并不是他们有与生俱来的天分，而是因为他们有志气，更重要的是能够调整自己的心态，在沉稳中磨炼身心。无论何时，遇到怎样的困难，成功者都能为了实现某种目标而采取“磨”的手段，他们具备超凡的忍耐力，总能坦然面对生活中的各种磨难，从而最终走出困境。

修炼5　静待时机，挨过机会来临前的黑暗

在前进的道路上，如果没有耐心去等待成功的到来，那么终将会用一生的时间去面对失败。因为站得高，所以不骄；因为看得远，所以不躁。

在地中海东岸的沙漠中，生长着一种蒲公英。它并不是按季节来舒展自己的生命的，如果没有雨，它们一生一世都不会开花。但是只要有一场雨，无论何时落下，哪怕雨量再小、时机再短，它们都会抓住这一难得的机会，迅速张开自己的花瓣，并抢在雨水被蒸发干之前，做完受孕、结籽、传播等所有的事情。

人们常将它作为礼物送给亲友，因为把它埋在花盆里，只要浇水就会开花。在这个世界上，有时发展自己、提升自己的机会就像沙漠里的雨水一样少；但是只要拥有了沙漠蒲公英的品性，坚韧生长，默默等待，机会来临时就果敢地抓住，利用一切条件努力向上，就一定能成为了不起的人。

有时，我们的处境就如同沙漠里的蒲公英，转瞬即逝的机会就是沙漠里珍贵而又稀少的雨滴。只有在每一个干旱恶劣的日子里默默积累力量，才能得到来之不易的机会，进而在甘霖中舒展生命。种子因为努力和等待日益成长，而我们每一个人也只有经过努力，并学会等待时机，才能更接近成功。只有耐心地等待时机，才能一战而功成。

一鸣惊人的人，肯定是默默无闻地经历过一个相当长的时期；豁然开朗的境界，必然要经过一段昏暗狭窄的路程；领略无限的风光，也一定是通过

一番艰辛地攀登之后。等待并不是静止不动，而是一旦要动，就是一跃千里。等待时机，是怎样的时机？是天时之机、是地利之机、是人和之机。等待时机，体现了一个人深谋远虑的大智。

诸葛亮3岁丧母，8岁丧父，与姓弟一起跟随由袁术任命为豫章太守的叔父诸葛玄，到豫章赴任。而不久后，东汉朝廷派朱皓取代了诸葛玄之职，诸葛玄遂又去投奔故交，荆州牧刘表。

建安二年（公元197年），诸葛玄病逝。诸葛亮和姐弟失去了生活依靠，便移居南阳。17岁的诸葛亮与友人徐庶等从师于水镜先生司马徽。但看到刘表昏庸无能，并非命世之主，于是结庐南阳卧龙岗隐居，被人称为“卧龙先生”。

这一隐，就是十年。其间，他广交江南名士，“每自比于管仲、乐毅”，爱唱《梁父吟》，结交庞德公、庞统、司马徽、黄承彦、石广元、崔州平、徐庶等名士。其智谋为大家所公认，有匡天下之志。他密切注意时局的发展，故对天下形势了如指掌。

终于在建安十二年（公元207年），诸葛亮27岁时，刘备三顾茅庐，得见诸葛亮，问一统天下之计。诸葛亮精辟地分析了当时的形势，提出了首先夺取荆、益作为根据地，对内改革政治，对外联合孙权；南抚夷越，西和诸戎，等待时机，两路出兵北伐，从而统一全国的战略思想，这次谈话即是著名的《隆中对》。

刘备听了诸葛亮一番精辟透彻的分析，思想豁然开朗，深感诸葛亮是难得的人才，于是恳切地拜请他出山。至此，诸葛亮终遇明主，结束了“卧龙十年”的隐居生活。后辅佐刘备匡扶天下，终成帝业。

历史的经验告诉我们：要成为强者，除了要有坚定的意志，更要拥有一种善于等待时机的心智。楚庄王昏隐三年，越王勾践忍辱也三年。每一个成功者大都有一段低沉苦闷的日子，我们甚至可以想象他们的窘迫。然而终究一鸣惊人，终究“三千越甲可吞吴”，这是胸怀坚韧的结果，更是善于等待的回报。

在生活、工作中，很多人常常会期待凡事能一步到位，当然这仅仅是一种美好的愿望而已。比如，电脑的配置不能一步到位，家电的选择不能一步到位，科技的更新不能一步到位，产品的换代也无法一步到位，要知道天下有成之事都不可能一蹴而就。

《红楼梦》中的贾雨村说：“玉在椟中求善价，钗于奁内待时飞。”他是想借此表达不甘于济济无名的现状，总有一日要飞黄腾达的豪情壮志。我们心怀一个目标，就要想方设法去达到。当遭遇困境无计可施时，就不要再一味鲁莽向前。不妨暂停下来，养精蓄锐也好，韬光养晦也罢，沉下心来看清前后的道路，莫让浮云遮望眼，静待时机的到来。

当我们面对人生难题的时候，请不要再冲动盲目了，也不要再心灰意冷了，记住要沉心静气地等待时机，相信有一天终能“一鸣惊人”的！

修炼6 在黑暗中欢笑，探寻心中的光明

在光明下欢笑是一种本能，而在黑暗中欢笑则是一种品质。我们应该学会在黑暗中仍然探寻光明，在欢笑中见证心灵的成长。

海伦·凯勒在《我在黑暗中的光明》中说：“埃玛努尔·史威登堡的思想如同我的光明，是我手中的支柱，他伟大的洞察力伴着我一路前行……”原来，眼盲并不算是永别光明，迷失在自我的沉沦中、没有理性的照耀，才是

一个人真正身处的黑暗。

幼年时孤独的生活使她无比坚强，她下定决心一定要从黑暗的孤独中脱离出来，是黑暗中的孤独造就了她坚强与不屈不挠的精神。她所创造的奇迹，不仅仅感动着和她一样身体有残缺的人，更是感动了全世界。

这个人就是海伦·凯勒。她是一个生活在黑暗中却又给人类带来光明的女性，一个度过了生命的88个春秋，却熬过了87年无光、无声、无语的孤独岁月的弱女子。

然而，正是这么一个幽闭在盲聋哑的黑暗世界里的人，用顽强的毅力克服生理缺陷所造成的精神痛苦，竟然成为哈佛大学的毕业生，竟然在大学期间就和老师安妮合作发表了她的处女作《我生活的故事》，讲述她如何战胜病残。这本书给成千上万的残疾人和正常人带来鼓舞，被译成50种文字，在世界各国流传。

后来凯勒到美国各地，到欧洲、亚洲发表演说，为盲人、聋哑人筹集资金。建起了一家家慈善机构，为残疾人造福，被美国《时代周刊》评选为20世纪美国十大英雄偶像。

“二战”期间，她又访问多所医院，慰问失明的士兵，她的精神备受人们崇敬。1964年被授予美国公民最高荣誉——总统自由勋章，次年又被推选为世界杰出妇女。

她告诉人们：假如给我三天光明，第一天要用眼睛去看朋友，看我熟悉的环境；第二天去博物馆看看人类进步的奇观，欣赏这世界历代的艺术之美；第三天想到城市去看人们的日常生活。

在黑暗中仍能探寻光明，就像在重压下的竹子，那铮铮竹节怡然弯腰，而并非直挺而折。但往往，竹子的韧性是和压力大小成正比的，压力越大，竹节越弯，就越能体现竹子不屈而韧的品格。同样，阴影恰好证明了阳光的存在。

相比之下，在那些“光明人”的世界里，如今又有多少人能够做出这样的事情！也许陷入到人生的低谷，就好像是生活在最为黑暗的日子里，其实我们每一个人，一生中都会经历这样的阶段。

外面的世界如同暗夜下的大海般深不可测、险象环生，而我们就如同那一叶扁舟，面对浩瀚的大海，显得是如此的渺小、孤独和迷茫。然而，每个人的心灵要想得到救赎，最终还是要靠自己。

这个时候，不能就此消沉下去，要依然有所期待、有所探寻，期待熬过黎明前最冷最暗的黑夜，以东方第一缕曙光作为方向，扬帆远航！

修炼7　坚持就有希望，你只差临门一脚

能否及时并准确地抓住机遇，常常是决定我们是否能走上通往成功的捷径。

选择最佳时机，也就是选择最适合自己的。就像一个优秀的足球运动员，在球场上的激烈争夺中，能巧妙地将球踢入球门，靠的不仅仅是他精湛的技术水平，还要选定最佳角度，准确地把握战机。

在快速分析完何时能发挥自己最大优势后，就要果断抓住机遇，顺势而上。泰里马克手提电话机公司的老板斯科特·麦格里戈就是及时从启示中抓住了机遇，从而使他走上了成功的道路。

在一个深秋的夜晚，45岁的斯科特·麦格里戈还在对着电脑工作着，他抬起疲倦的眼睛向厨房望去，看见太太和10岁的小儿子特拉维斯正在厨房里转悠着，家里已好几天都在为口粮发愁了。麦格里戈看到这些后，慢慢地走进厨房，对妻子非常内疚地说：“不能再这样下去了，明天我就出去找份工作。”

这时站在一旁的小儿子特拉维斯，转过脸来说："爸爸，你已经抓住了机会，而且坚持了2年，现在就只差临门那一脚了！"

两年前，麦格里戈在一家出租手提电话公司上班，工作内容是在机场与旅馆向商务旅客出租折叠式手提电话。不过那种电话机由于不能逐条开列账单，致使有些顾客无法向公司报销。要是能在话机装块电脑晶片的话，就能记录每一次的电话详细信息，从而这个问题就解决了。随后的两天里，麦格里戈一直在打电话找投资者。终于在星期天晚上11点钟，有个人答应给他寄张支票。麦格里戈靠那笔钱补交了房租，还了欠账，请了一位顾问工程师。但过了不久，那位工程师说麦格里戈心目中的系统是造不出来的，麦格里戈没有就此放弃，他在心里默默地念着：继续努力吧。

2年后，麦格里戈打电话给电信巨头贝尔南方公司。一位经理问他："你能在6月24日交出原型吗？"麦格里戈看着那位说办不到的工程师与堆满工作台的不适用的零件，咬咬牙说："没问题。"

放下电话，麦格里戈叫回正在大学主修电脑学的大儿子吉瑞格，把那艰巨的挑战讲给儿子听。吉瑞格立刻投入了每天长达18个小时的工作，必须先要发明一个记忆系统，把信用卡记账软件、计时软件和一个能记录电话从哪里打到哪里的系统结合起来，装进一块仅有指甲大小的晶片里。

6月23日，父子二人带着自己的心血飞往亚特兰大。吉瑞格把原型电话机递给贝尔南方公司的一位经理，告诉他："试试看吧。"那位经理把信用卡插进电话机，打了个电话，电话通了。随后吉瑞格给南方电话公司递上了一张清清楚楚的打印账单。

如今，麦格里戈的"泰里马克手提电话机公司"资产超过千万美元，在同行业内名列榜首。

"你就只差临门那一脚了！"这句话可谓是价值千金，尤其是在你想放弃的时候想想它，你就会更加感到机遇的珍贵。机遇不是命运，要靠“碰”才能得到。捕捉、把握并善用机遇是一种能力，趁势而为，会帮助我们在人生道路上苦苦跋涉时，取得一次转折性的飞跃，从而离成功又近了一步。每一次机遇的到来，对于任何人来说都是一次严峻的考验。它不仅需要我们有坚实的功底和知识储备，更需要我们在看到机遇的时候，拿出拼搏和创新的魄力来。

机遇在手并不代表着就会成功，它只不过是人生道路上的一条捷径。捷径往往就在悬崖边上，它的底下便是万丈深渊。捷径虽快，但风险也高，所以说，准确地把握机遇后，不能心浮气躁，而是需要开足更大的马力，趁势而上，冲向我们理想的巅峰。

坚持住就还有希望，哪怕那份希望非常渺茫，也许在下一刻就会出现转机。在最困难的时候不要有向后转的念头，成功就只差临门一脚。我们时时要踢好自己的临门一脚，最困难的时候，要调动一切可以调动的力量，多管齐下寻找解决问题的策略和途径。

修炼8 行百里者半九十，最后一步要坚持

越往终点越难走，不要在最后几步时趴下，这样只会前功尽弃。俗话说，善始善终，既然我们选择了开始，就要坚持到结束。

在电影《泰坦尼克号》中有这样一组对白。

杰克集结身体全部的热量、最后颤抖地说：“答应我活下去。不管发生什么，都要活下去。永远不放弃。”

罗丝趴在仅能容下一人的木板上，忍住巨大的悲伤回应他："我答应你，永远不放弃……"

当杰克冻死在海洋里时，罗丝悲痛欲绝，但她没有就此放弃，因为杰克以生命为代价，希望她好好地活下去。当救生艇第一次在海洋上搜救而没有发现她时，救生艇慢慢远去，许多同时落水而本来还在挣扎的人们熄灭了他们最后的一点希望。

但罗丝并没有就此倒下，她相信救生艇一定还会回来的，求生的成功已离自己不远了。当救生艇的探照灯再一次照亮罗丝眼前的一片海面时，她用尽最后一点气力吹响了哨子，然后罗丝成功获救了。

其实，在救生艇第一次搜救而又远离时，就已经是成功之前的序曲了。除了罗丝，其他人都在那一刻倒下了——而他们也就永远地放弃了生的希望，之前所有漫长的等待与坚持都没有了丝毫的意义。罗丝却挺住了，挺到了最后成功的终点。

这让我想起了拿破仑·希尔说过的一句话："幸运之神要赠给你成功的冠冕之前，往往会用逆境来严峻地考验你，看看你的耐力与勇气是否足够。"无论做任何事情，我们都要沉住气、坚持到最后，否则，虽然只差那么一小步，也等于失败了。因此，千万不要在万里长征的最后一步倒下！

太阳神阿波罗和掌管文艺的缪斯女神卡利俄帕的儿子俄耳甫斯有一副优美的歌喉和一把漂亮的七弦琴，他的弹唱能使岩石落泪，使流水止步。

俄耳甫斯娶了一位美丽的仙女，叫欧律狄克，他们生活得幸福美满。可惜好景不长，妻子在林中游玩时，不幸被毒蛇咬伤而死。

俄耳甫斯悲痛欲绝，于是下到地府，决心把妻子救回来。他拨动着七弦琴，借助歌声向冥王倾诉自己对妻子至死不渝的爱情。备受感动的冥王终于同意让他携妻子重返人间，但条件是他在走出地府之前，都不能畏惧艰险和为情所动，更不能回头看妻子一眼。

俄耳甫斯高兴地答应了这个条件，随即带着自己心爱的人踏上重返人间的道路。他俩历尽艰辛，终于到达了只要再跨上一步就可重返人间的关口。

这时，颇为得意的俄耳甫斯居然忘记了冥王的告诫，深情地回眸看了一眼妻子——欧律狄克，因此顷刻间便魂飞魄散，只匆匆留下了一句："永别了，亲爱的！"

俄耳甫斯从此郁郁寡欢，四年之后依旧孑然一身。其间无数美女向他求爱，都被他婉言谢绝了。因爱生恨的美女们于是在一次聚会上杀死了他，并将尸体撕成碎块，扔进了波涛汹涌的希伯伦河中。

后来，此事为天神宙斯所知。宙斯怜悯俄耳甫斯这位天才歌手的惨死，于是将其最心爱的那把七弦琴置于星空中，变成了我们现在所看到的天琴座。

从上面这个凄美的神话故事中，我们可以看出：也许就在放弃努力的那时那地，成功已经离你很近了，只要再向前走几步，便能拨开乌云见晴日了。但就是因为没有坚持到最后一刻而放弃，也就永远与阳光无缘了。我们常常所遇到的挫折，其实都只是一种考验。既然生命还没有对你说"不"，你又何必未战先降呢？在这里，信念很重要，只要坚定，并为之付出持之以恒的努力，就没有实现不了的理想。

其实，故事里面的俄耳甫斯并不缺少坚韧的信念，也不是没有付出艰辛的努力，但只因其缺乏足够的恒心和毅力而功亏一篑。哪怕走了九十九里，剩下最后一里没有走完，也算没有成功。如果坚持不到终点，就会失去差不多全部的意义。

没错，在前进的路上布满了各种艰难困阻，当我们在为心中的目标而努力时，其实很多时候是看不到自己离成功还有多远的。有些人拼搏了一阵而仍然看不到希望，他们便开始产生怀疑，开始垂头丧气。渐渐地发展成越来越强烈的绝望，直至放弃了努力。

所谓“行百里者半九十”，越接近终点就越难走好。这就告诫我们，做事情要持之以恒，善始善终，越接近成功就越要认真对待。我们要在任何时候都不能松懈、麻痹和动摇，须知倒在万里长征的最后一步上，就好比是从未开始。世上最可惜的事情，也莫过于此了。

第九章 责任担当，把事办得成熟可靠

做事时，有责任心有担当之人更容易赢得别人的信任，那些滑头、心机重的人即使当时能赢得他人的信任，但纸是包不住火的，滑头之人必定还会在其他地方耍滑头，待真相暴露后，必定会遭人唾弃。

修炼1 盛气凌人是大忌，成熟稳重最可靠

不要太盛气凌人，这样只会暴露自己的弱点，成熟稳重的人才能吸引别人尊重的目光。

一个人有多少本事，别人都看在眼里，不用自己张扬显示。如果过于狂妄，往往还会为别人留下笑柄。人们常说“天不言自高，地不言自厚”。自大狂妄有时候反而暴露了自己内心的虚弱。

才识、修养愈高的人，在态度上反而愈谦卑，希望能博取众家之长，使自己更加精益求精。也正因为如此，他们往往具有容人的风度，和接受批评的雅量。在与人交谈中，心平气和的风范也更容易被人接受。反之，伴有嘲讽、挖苦或大声斥责的盛气凌人，不但不讨好，还会增加对方的对立情绪，给自己造成不必要的麻烦。

自古以来，多少名臣名将治国济世堪称奇才高手，而治家却少方无能。然而被清代称为“中兴第一臣”的曾国藩，治家教子都被公认为中华第一能人。他教育子女要勤勉劳苦，力戒奢侈。更重要的是要谨严做事，以礼待人。

虽然当时曾国藩功名显赫，但却从来不敢嚣张跋扈。据曾国藩的曾孙女曾宝荪回忆说，小时候就被反复告诫曾祖父的教训：“门第越高，越应谦虚待人，谨慎处事，切不可盛气凌人，仗势胡为。”

曾国藩反复告诫家人：“切不可有官家风味。”他规定，“门外挂匾，不可写‘侯府’‘相府’字样”。对四邻，“以和相处，不可轻慢，酒饭宜松，礼貌宜恭”，不可“有钱有酒款远亲，火烧盗抢喊四邻”；对雇工和佣人“要尊重，不可颐指气使。对自己不满意的人，不能当面给人难堪，使人下不了台”；对地方官员，“不可无理怠慢，更不准随意增添麻烦”。

从来不曾见过一粒成熟的谷穗是趾高气扬的样子，同样，一个真正涵养深、底子厚的人也会以低身弯腰的姿态待人。盛气凌人只是一种极其肤浅的表现，这样的人往往急于把自己所知道的全部表达出来，并强迫人们接受自己的观点。

急于显露自己的能力，几乎是每一个新人的通病，也是人之常情。聪明人总是注意适当地隐藏自己的实力，而不是一上阵就表现得太过分。人若是狂妄，那么他评判事物的标尺就会失衡，就不能再正确地看待自己，并且最容易走进自己设置的怪圈。有高人一等的优越感，这样只会把其内心的浮躁和沉不住气的短识全部暴露出来。

因为被自己头上的那层光环迷住了双眼，有些眼花缭乱，有些飘飘然，头重脚轻，摇摇晃晃，如同醉汉。伴随着岁月无声的流逝，你自以为已经走了很远的路，有一天当你突然醒来一看，才知道自己还停留在出发点上。因此无论功成名就还是事业中途偶然出现的高潮，都要学会忍耐，抑制住狂妄之心，你才不致迷失自己。

心平气和是一种沉得住气的涵养，盛气凌人则是一种缺乏自知之明的浅薄。要做到平和待人，一是要尊重别人，二是要认识自己。每个人都有独立的人格，都要求维护自身的尊严，不受侮辱，不被歧视。在和别人交往时，要尊重他人，以礼相待。不可以势利的态度，谄上而慢下、媚富而傲贫。

另外，还要有自知之明，须知山外有山，天外有天。个人的知识、能力总是有限的，要善于发现和学习别人的长处。有地位的不要以地位骄人，有才学的不可以才学恃人，有财富的不能以财富傲人。如果有这样的胸襟，自然能以谦和平等的态度待人，不致给人以骄狂傲慢的俗态。

修炼2 临危不乱决策，稳健持重受敬重

在遇到事情时，不要惊慌，不要被事情击败了，临危不乱地决策才能战胜事情，这样的人也会更受他人敬重。

生活中，我们不喜欢八面玲珑、四处讨好的人；我们不喜欢拍马屁的人；我们不喜欢整天嘻嘻哈哈，凡事都无所谓的人；我们不喜欢造谣生事，背后做手脚的人……

但凡稳健的人都不会轻易放纵自己的情绪和性格，无论在什么时候，他们都能够做到心思缜密，心平气和地面对所有的一切，哪怕是失败，哪怕是不堪回首的过去，哪怕是别人的冷言冷语。因为他们始终有一颗平常心，他们懂得如何学好稳重来维护并彰显自己的尊严。

由此可见，做人要稳重，做事要稳重，同样，在作决策的时候，我们更需要稳重。纵观古今，所有的成功者都是沉稳之人。犹如诸葛亮当年出兵祁

山的时候，即使马谡失街亭让他一败涂地，但他从来没有乱了分寸，理智地上演了一出空城计蒙蔽了敌人的眼睛，知难而退。所以说，无论在任何时候，我们都必须做到心思稳健，临危不乱，只有这样，我们才能够达到自己的目的，彰显自身的尊严。

淝水之战中，秦兵大败，当谢安得知这个好消息的时候，他正在与自己的朋友下棋，他的脸上丝毫没有高兴的样子。众人不解，便小心翼翼地问其信上所说何事，谢安依旧不予作答，直到下完了棋，他才慢条斯理地说道："小孩子们终于攻破了寇贼，赢得了胜利。"众人听了，忙不迭地走了，将这个消息告诉更多的人。而谢安回到房间后，才表露出自己的情绪，高兴得把屐齿都折断了。

谢安之所以能够做到心如止水，不轻易表露自己的情感，是因为他经常有意无意地锻炼自己，因为他知道稳健对于他来说非常重要。

有一次，谢安和几个名士一起坐船在江上游玩，突然狂风大作，小船在江中左右摇摆，众人惊慌失措，害怕船只被惊涛骇浪吞噬，于是赶紧叫船夫靠岸。但谢安依然很镇定地哼起了小曲，船夫见状便没有靠岸。不料狂风更加猛烈，众人都抱头站起，这时候谢安才镇定自若地对船夫说："既然这样，那就靠岸吧。"

谢安做到了一事当前，临危不乱，从他的经历中我们可以知道，稳健对于一个人的重要性。当你遇到难以解决的事情时，静心以及稳健会激发你的潜力，最终化解困难。所以说，每个人在遇到挫折的时候，都要勇敢地抬起头颅，积极地承受所有的一切，并理智地寻找解决问题的方法。而不是心浮气躁，不断哀怨，否则只会使我们心智迷乱，最后难成大事。

人生在世如白驹过隙，我们何必因为那些难以逃脱的遭遇而苦恼？要知道稳健才是解决问题最好的办法。就像苏洵说的那样："泰山崩于前而色不改，麋鹿兴于左而目不瞬。”尤其是在我们作决策的时候，更不可以乱了阵脚，而是要始终沉得住气，理智地分析情势，并作出正确的决策。而不是大发雷霆，或一蹶不振，甘拜下风。有关科学家曾经做过研究，得出结论：一个人在惊慌失措、生气发火的时候，智商会迅速下降，从而导致自己作出不明智的决策。

萧伯纳曾经说：“生命的道路在于把地狱变为天堂，把人变为上帝，在于在那‘苦难的山谷’里点起一盏万年灯，普照大千世界。”太阳不可能永远被乌云笼罩，终有日出云开的时候；月亮不可能永远在黑夜里尽情绽放，终有黎明来临的时刻。犹如春去秋来，花开花落一样，苦难也终将过去。

纵然此刻的我们面临极大的困难；纵然我们找不到前进的方向；纵然我们无法实现心中的理想；纵然我们已经疲惫不堪……但是，我们不必彷徨，不必惊慌。我们必须做到“不管风吹浪打，胜似闲庭信步”，必须做到镇定自若，临危不乱，只有这样，我们才能够迎接清晨的朝阳，才能够重整旗鼓，大跨步迈向更加美好的明天。

修炼3　少说空话多做事，自然会出好成绩

正所谓“不积跬步，无以至千里；不积小流，无以成江海”。成绩都是一步一步踏踏实实地做出来的，仅仅靠豪言壮语和一步千里的心态永远出不了好成绩。

在长平之战中，赵王听信了左右的议论，于是找来赵括，问他：“是否能否打退秦军？”

赵括说：“要是秦国派白起来，我还得考虑对付一下。如今来的是王龁，

他不过是廉颇的对手。如果换上我，打败他不在话下。”

赵王听了很高兴，便派赵括为大将，去接替廉颇。蔺相如对赵王说：“赵括只懂得读父亲的兵书，不会临阵应变，不能派他做大将。”可是赵王对蔺相如的劝告听不进去。

而赵括的母亲也向赵王上了一道奏章，请求赵王别派他儿子去。赵王把她召来，询问何故。赵母说：“他父亲临终的时候再三嘱咐我说，‘赵括把用兵打仗看作儿戏，谈起兵法来目中无人。大王如果用他为大将的话，只怕赵军都会断送在他手里。’所以我请求大王千万别让他当大将。”

赵王只能以“君无戏言”而搪塞。而赵括的母亲却问：“如果您一定要派他领兵，如果他兵败了，我们家能不受株连吗?”赵王很痛快地答应了。

赵括统率着40万大军，声势十分浩大。他把廉颇规定的一套制度全部废除，下了命令说：“秦国再来挑战，必须迎头打回。敌人若败，我军必追，非杀得他们片甲不留。”

秦将范雎得到赵括替换廉颇的消息，知道自己的反间计成功，就秘密派白起为上将军，去指挥秦军。白起一到长平，布置好埋伏，故意打了几阵败仗。

赵括不知是计，拼命追赶。白起把赵军引到预先埋伏好的地区，派出精兵2.5万人，切断赵军的后路；另派五千骑兵，直冲赵军大营，把40万赵军切成两段。赵括这才知道秦军的厉害，只好筑起营垒坚守，等待救兵。

但内无粮草，外无救兵，守了几十天的兵士们都叫苦连天，无心作战。赵括带兵想冲出重围，却不想被秦军射死在乱箭之中。赵军上下听到主将被杀，也纷纷缴械投降。

40万赵军，就在纸上谈兵的主帅赵括手里全部覆没了。赵括自以为熟读兵书，定能攻无不克战无不胜。而结果却让赵国差点遭遇灭国的危险。

孔子教育弟子说：“君子讷于言而敏于行。”意思是说，君子说话要谨

慎，而行动要敏捷；少说空话，多干实事。实际行动永远比空话重要，因为成绩是干出来的，而不是说出来的。的确，人不仅要树立目标，还要朝着目标去努力，去奋斗。

只在理想的蓝图中期待着心想事成、如愿以偿，成功不仅遥遥无期，甚至连已拥有的东西都将失去。浮躁是成功的大敌，只有“沉下去”，才能最终获得成功。为什么一件事情完成不了或做不了，完成或该做那件事情的理由却少之又少呢？其实，多一些务实，少一些浮躁，成功近在咫尺。

对于努力工作的人，工作会给予他意想不到的奖赏。总是做的比应该做的更多，你就会出类拔萃，这是成功者与穷其一生只能服从别人的人之间的差距。确立自己的目标，并把信念立即付诸行动，不犹豫，不拖延。少说空话，多做实事，这样才会越来越接近理想的彼岸。

曾经有一位科学家做了这样一项调查研究：他研究的对象是一批受过训练的保险销售员。这位科学家把保险销售员中成绩最好的10%和成绩最差的10%作了一下对比，结果发现两者的业绩相差确实很大。

那么，受过同等训练的人，为什么会产生如此大的差异呢？科学家又针对他们在推销说话时间作了调查研究，结果发现：业绩差的那一部分人，每次推销说话时间累计平均为30分钟，而业绩最好的那一部分人，每次推销时的说话时间累计平均只有12分钟。

为什么只说12分钟的推销员会取得比说30分钟话的人好得多的成绩呢？

其实道理很简单，正因为他们说得少，所以他们听得也就多了。

而在他们倾听的过程中，他们就会获得很多对于推销来说很有用的信息，并且，在他们倾听的同时，也可以思考、分析顾客各方面的信息，然后，他们就可以针对顾客的各种疑惑，揣测顾客内心的想法，从而找出解决问题的方法，这样一来，自然而然就会创造出优秀的业绩来。

有这样一种人，他们自以为地位低微，别人所有的种种成就不属于自己，别人所有的尊严，自己也不配享有，也许正是在这种观念的作用下，使得他们失掉了责任感。其实，只要他们能够勤奋地工作，认真、负责地处理日常工作中的事务，就会赢得别人的尊重和支持。反之，一个人即使职位很高，却不敢承担责任，连基本的职业道德也不具备的话，即使坐在高的位置上，也一定会遭到他人的鄙视和唾弃。

许多人经常会发出这样的感叹 “社会太浮躁，能够务实发展的人实在太少了!”社会的浮躁和急功近利，使不少人每天都在想方设法寻求成功的捷径，一行动起来，就尽可能地钻空子、占便宜，而不愿踏踏实实地按照正当的程序去做，而到头来却丧失了更多的自我发展的可能。要想成就一番功业，需要付出坚强的心力和耐性，只想坐收渔利，那是白日做梦。

李嘉诚说：“不脚踏实地的人，是一定要当心的。假如一个年轻人不脚踏实地，我们使用他就会非常小心。你造一座大厦，如果地基打不好，上面再牢固，也是要倒塌的。”李嘉诚的这句话，告诉我们：只有脚踏实地的人，才会获得良好的业绩。

修炼 4 敢于担当是一种勇气，更是一份责任

每一个人都要知道自己的责任，只有这样才能勇敢地去承担，即使这种承担让你觉得痛苦。勇敢地坚持下去，最终的胜利一定会属于你！

责任是一种约束，承担了责任就意味着不能随心所欲，不能随意放弃，不能有始无终。承担了责任就意味着必须承受许多艰难，必须付出某种代价，只有这样才算是一个真正负责的人。

古时候有一个叫乐羊子的人，为了求学，他背井离乡来到异地求学。可没过多久，学习的艰辛，求学的清苦，使他感到很乏味。在书塾里苦苦煎熬了一年后他决定弃学返乡。

回到家后，妻子露出惊喜而略带诧异的笑容，当她看到乐羊子那沉甸甸的行装，脸上的笑容顿时消失了，她似乎早已猜到了结果。妻子默默无语地走进房间，拿出一把剪刀，走到织布机边，只听“喀嚓”一声，便将织布机上正在织着的一匹布剪断了。

乐羊子看后，大叫起来：“这么一块图案精美的花布，只差一点就要完工了，你把它给剪断了岂不是很可惜!”

妻子听后，严肃地回答道：“这本是一块快要完工的布，但我剪断了它，它便成了一块废布。求学的道理也是一样，若能坚持到底，付出艰苦的努力，就能成为一个有用的人，但若不能坚持，只管放弃读书，之前所付出的便会前功尽弃。就好像这块废布一样，成为一个毫无用处的人。”

听完妻子的话，乐羊子低头不语，他感到无比羞愧。要不是妻子的谆谆教诲，自己岂不是要虚度光阴，成为一个没用的人？想到这里，乐羊子便打起行装，转身回到书塾完成学业。

乐羊子的妻子通过一件简单的事情，教会了他做事切忌半途而废。事实上，任何一个真正想成大事的人，永远要明白这个道理：做人、做事的关键在于要有恒心，目标专一，持之以恒。正所谓，“锲而不舍，金石可镂；锲而舍之，朽木不折”。

伏尔泰曾经说过：“要在这个世界上获得成功，就必须坚持到底，至死都不能离手。”任何人成功之前，都会遇到许多的失意，甚至是多次的失败。假如你放弃了，就等于放弃了一个成功的机会，因为成功之前的那一次失败，常常离成功最近。

陈灿、王大伟、周亮是同寝室同学，毕业后他们一起去一家知名企业应聘，经过前后五次的面试和复试，他们三个人靠着硬件条件脱颖而出，成为这家企业的新员工。

正当他们踌躇满志，准备大干一场的时候，公司的人力资源部经理却将他们带到了一处工地，工地上有几堆散落的乱七八糟的红砖。经理指着这些红砖告诉他们，每人负责一堆，将红砖整齐地码成一个方垛，说完，经理就离开了工地。

经理离开后，陈灿不解地问王大伟和周亮："我们不是已经被录取了吗，为什么会干小工的活儿?"

王大伟也满脸疑惑，回答道："是呀，为什么让我们干这个？经理是不是搞错了?"

最后周亮平静地说："不要再问为什么了，既然让我们干，那就干吧!"说完就带头干了起来。

陈灿和王大伟同时看了看周亮，只好跟着干起来。干了一会儿之后，陈灿和王大伟明显地把速度放慢了，陈灿说："领导又不在，我们没有必要这么认真，还是先歇会儿吧。"王大伟跟着停了下来，周亮却一直保持着同样的节奏。在经理回来的时候，周亮只剩十几块砖就全部码齐了，而陈灿和王大伟只完成了三分之一的工作量。

经理看了看地上的红砖，对他们说："午休时间到了，今天的工作到此告一段落。"经理刚说完，陈灿和王大伟便扔掉了手中的砖，而周亮仍然坚持着将最后的十几块砖整理完毕。

下午回到公司后，人力资源部经理对他们说："这次我们公司只聘用一名工程师，而获得这一职位的就是周亮。至于其余两位为什么会落选，想想你们今天在工作上的表现就知道答案了。"

其实，经理并没有真正离开，而是在远处偷偷地观看他们的表现。

陈灿和王大伟落选的原因，就在于他们缺乏对工作的责任感，在接到任务后，他们不积极主动地立即执行，而以糊弄的态度对待工作。而周亮却与之相反，即使在经理不在身边的情况下，依然能够全心全意地工作。哪怕工作非常脏累，他也任劳任怨地安心做事，没有流露出任何不满的情绪。像周亮这样的员工无论在哪家企业都会受到欢迎。

从这则故事中我们还可以看出：对工作负责就是对自己负责，如果你敷衍工作，工作也会敷衍你，最终害了自己。无论何时何地都始终如一地对工作负责。这才是真正的负责。

如果一个人具备了这种高度负责的精神，就没有什么事情能够难得住他，就没有什么任务不能很好地完成。同样，任何一家公司，只要能够形成这种高度负责的企业文化，就会使战略计划的执行更加高效，公司的绩效自然会大大提高。

修炼5 有责任才能成功，一分耕耘一分收获

> 一个不负责任、没有责任意识的人，不仅会在工作中给企业带来损失，而且还会给自己的职业生涯带来损害。

我们每个人的工作都是用责任心亲手制成的瓷器，是美丽还是丑陋，是可爱亦或可憎，都是由我们自己亲手创造出来的，正如我们的人生道路是靠自己走出来的一样。假如你怀有责任心，你必定非常热爱工作，那你的生活就是天堂；假如你没有责任感，非常讨厌工作，你的生活就是地狱。

一个人在工作的时候，要是能承担自己的责任，充分发挥自己的特长，如此不管所做的工作怎样，你都不会觉得劳累的。因为在你的生活当中，其

实有大部分时间是和工作联系在一起的，工作要是感到快乐了，生活自然也会变得幸福起来。从某种意义上说，你对工作的态度反映了你对人生的态度，你在工作中的表现反映了你在人生中的表现，你在工作中的成就反映了你人生中的成就。

李芳对自己的工作非常不满意，她总是对朋友抱怨说："我在公司里不仅工资是最低的，而且老板也不把我放在眼里，如果再这样继续下去，我就辞职不干了！"

朋友听后，委婉地对她说："你对公司的业务流程足够熟悉吗？"李芳听后，漫不经心地回答道："不熟悉，我懒得去钻研那些无聊的东西！"

朋友听后，接着说道："我建议你先把心静下来，然后抱着积极的态度，认认真真地对待自己的日常工作，把公司的业务流程、业务技巧以及客户的优缺点完全搞懂了之后，再作决定，如此一来，你一定会有许多收获的。"

李芳听从了朋友的建议，一改往日散漫的习惯，开始积极地投入到工作之中。

半年后，她和那位朋友又聚到了一起。"最近怎么样，是不是又准备不干了？"那位朋友问道。

"呵呵，不是，这几个月来，老板对我刮目相看。最近，更是委以重任，又升职，又加薪，我都成了公司里的红人了。所以，我想留下来继续发展，不打算辞职了。"李芳乐呵呵地对朋友说。

没有不需要承担责任的工作，那些勇于承担责任的员工常常会在工作中收获很多：在精神方面，他们获得了快乐和自信；在物质方面，他们也获得了丰厚的薪酬。一个人的职位越高、权力越大，肩负的责任也就越大。

反之，要是一个人对工作不负责任的话，是无法体会快乐真谛的。须知，当你将工作推给他人时，实际上你也将自己的快乐和信心交给了他人。千万不要害怕承担责任，不妨下定决心，勇敢地承担起职业生涯中的责任，相信你一定会比前人完成得更加出色。

对工作负责，就是对自己负责；你“敷衍”工作，工作也会“敷衍”你。对工作负责，就是对自己负责。当你尝试着对自己的工作负责时，你就会发现，原来自己还有很多的潜能没有发挥出来，如此，你要比自己往常出色很多倍，即便是在平凡单调的工作中，也能发现很多乐趣。最重要的是你的自信心还会随之得到提升，并且能帮助你把事情做得更好。

一个有强烈责任感的人，不仅能够得到老板的信任，同时也会为自己的事业成功奠定坚实的基础。

修炼6 成熟稳重之人工作会尽职尽责

一个缺乏责任感的民族是一个走向没落的民族；一个缺乏责任感的企业是一个没有前途的企业；一个缺乏责任感的人是一个什么都做不好的人。

美国前教育部长威廉·贝内特曾说：“工作是需要我们用生命去做的事。对于工作，我们怎能去懈怠它、轻视它、践踏它呢？我们需要尽职尽责地去把它们做好。”

确实如此，责任是每一个人与生俱来的使命，伴随我们生命的始终。生而为人，我们首先要有一颗责任心，对家庭的责任心、对工作的责任心、对社会的责任心、对生命的责任心。

对于每一个人来说，工作是我们一生中最重要的事，因为我们要靠它生存、靠它发展。只有在工作中，我们才能尽可能地实现自己的愿望，进而成就一番事业。但需要说明的是，虽然功成名就是每一个身在职场的人的愿望，但并不是每一个人都能实现心愿，这取决于我们对工作的负责态度。上天是公平的，它只会把成功的机会留给那些对工作尽职尽责的人，而那些整天上班混日子的人，将永远跟成功擦肩而过。

一个缺乏责任感的员工是没有价值的员工，一个缺乏责任感的组织也注定是一个失败的组织。

生活在这个世界上，我们每一个人都扮演着很多个角色，然而，无论是哪种角色，我们都应该承担起自己肩上的责任。

请问，你在工作中问过自己："我做得好不好"了吗？这就是对工作尽职尽责的精神。只有我们尽职尽责时，才能够把工作做得更好，才能更好地体现自己在工作和生命中的价值。

很多企业老板在对员工进行培训时，时常说的一句话就是：工作就是责任。是啊，没有责任心，怎能做好本职工作呢？没有责任心，怎能承担上司交给的任务呢？

著名社会学家戴维斯曾说："放弃了自己对工作的责任，就意味着放弃了自身在这个社会中更好的生存机会。"

无论你所从事的是什么工作，只要你能够尽职尽责地把它做好，你所做的事情都就是有意义的，你就会因此而获得尊重和敬意。

对于我们来说，如果每个人都能充满责任感，尽职尽责地去对待工作的话，那么我们就会克服一切困难，圆满地完成自己的任务，甚至还会把那些"不可能完成"的任务出色地完成；如果一个人一旦失去责任感，不能够尽职尽责地去对待自己的工作，那么即使是自己最擅长的工作，也会做得一塌糊涂。

约翰是一个做了30多年木工活的木匠。30多年来，他对自己的工作从来都是尽职尽责、一丝不苟，因此老板对他十分信任。在他60岁那年，约翰由于体力衰弱，想要辞职，他的老板十分不舍，想要他留下来，可是约翰去意已决，老板只好答应了他的请求。但他还是提出了一个请求，希望约翰能再帮助自己建一座房子。约翰觉得再推辞的话有些过意不去，就只好同意了。

然而，此时约翰的心思早已不在工作上了，他满脑子想的都是家人。如此心不在焉，约翰在整个施工过程中，无论是在用料、计算尺寸上，还是砌墙的技术上，都跟之前大相径庭。两个月后，约翰终于把房子盖好了，便急匆匆地向老板请辞。这时，老板作出了一个让约翰意想不到的决定：他决定把这座房子当做礼物送给约翰。

约翰一听愣了半晌，悔恨和羞愧一股脑儿涌上心头，他感到无地自容。回想自己的一生，盖了那么多豪华的住宅，最后却为自己建了这样一座粗制滥造的房子。

同样一个人，可以盖出规格标准的豪华住宅，也可以建造出粗制滥造的房子，这到底是什么原因？难道是他的技艺减退了吗？当然不是，而是因为他没有尽职尽责地去对待自己的工作。

如果你希望自己能成就一番事业，就请在你的心中种下一颗责任的种子，把工作做到尽职尽责，让责任慢慢发芽、成长，直至它成为你的一种习惯。相信到了那一天，你就可以品尝到成功的果实。

修炼 7 成熟稳重之人工作要善始善终

> 一个人在作出选择之后，只要能坚持不懈，像刚开始时的状态一样，始终对事情保持谨慎的态度、饱满的热情，那么他就一定能把事情做好，获得满意的回报。

大部分人在接受一项任务时，通常都只是处理属于自己的那一部分，或者只完成一个大问题里面的一小部分，实际上并没有彻底解决问题。

就拿一个工厂的职工来说，如果工厂的某台机器出现故障的话，那么负责维修的人通常只是做一下简单的检查，只要机器能正常运转了，他们就认为自己的任务完成了，自然就不会再做进一步的检查和维修。而只有当机器已经彻底无法工作时，他们才会意识到问题的严重性。其实，对于一个企业来说，员工这样的工作态度是一种后患无穷的硬伤。身为员工，如果不端正工作态度的话，将来一定会给公司乃至个人带来巨大的损失。

企业需要做事善始善终的员工，因为只有每一个员工善始善终地做好自己的工作，才能确保企业整个工作流程的顺利运转。毋庸置疑，员工善始善终的工作态度可以为企业创造巨大的战斗力，而一个战斗力十足的企业必然会具有极强的竞争力。对于员工个人而言，做事善始善终不仅是对企业负责，更是对自己负责的一种表现。

老子曾说："慎终如始，则无败事。"他的意思是说，一个人在作出选择之后，只要能坚持不懈，像刚开始时的状态一样，始终对事情保持谨慎的态度、饱满的热情，那么他就一定能把事情做好，获得满意的回报。然而，在现实生活中，有多少人有这样的精神呢？

很多人对待工作的态度就像是磨洋工，没有积极性、缺乏责任感，刚开始时还干劲十足、激情四射，可越往后就越像泄了气的气球，于是，混一天算一天，掰着手指头过日子。这样的人，如何能担当重任？如何能够得到别人的信任呢？跟这样的人谈事业，成功对他们来说岂不是极大的奢侈？

王易和涂磊是大学同学，毕业后两人一起到本市一家大型企业应聘。经过层层考核，两人终于在几百个应聘者中脱颖而出。

然而，公司主管告诉他们：他们将有三个月的试用期。第一个月，公司会对他们的工作状况进行考核，只有考核合格，才能在试用期结束后正式成为公司员工。王易和涂磊对于这份工作十分看重，纷纷表示一定会好好干，善始善终地完成自己的工作。

和两个人的热情相比，他们所要做的工作却十分枯燥、乏味，不仅如此，他们的工作量还特别大，加班到深夜是常有的事。虽然两人都有些吃不消，但为了能够顺利留下来，他们都在努力支撑着。

三个月一眨眼就过去了，试用期即将结束，他们都对自己的表现感到满意，并且信心满满地认为自己可以留下来。到了最后那天下午，主管把他们叫进了办公室，对他们说："我感到非常遗憾，你们没有通过公司的考核，按规定，你们不得不离开了，这是这个月的工资，请收下，今晚值完夜班之后，你们就可以走了，希望你们能够在其他公司找到适合你们的职位。"听主管这样一说，两人顿时心凉了半截。可是事已至此，说什么都没意义了。

值夜班的时间很快就到了，王易到涂磊的宿舍叫他一起去上班，可是涂磊却无精打采地告诉王易："去不去还有什么意思，反正也留不下。你自己去吧，我要睡觉，不去了。"王易只好一个人去了。

第二天早上当王易从车间出来时，正好碰到主管站在厂房的门口，他走过去跟主管打招呼，可让他惊讶的是，主管竟然对他说："经公司研究决定，你的试用期今晚正式结束，我们决定录用你为我们公司的正式职员，明天请到公司总部报到。其实，你们两个都很不错，工作做得都很好，但我们只选最优秀的那个，这个人就是你。”

也许你会认为这样的结果对于涂磊来说有些残忍，但对于一个企业来说，它所选择的永远是做事善始善终的员工。仅仅是值夜班的差别，一个人留下了，另一个人却离开了，这不能说命运对后者不公，只能说机会只属于做事善始善终的人。

在现实中，很多人习惯把工作刚做了一点儿，就扔在一边。他们甚至会认为自己似乎已经完成了这件事。可事实果真如此吗？这样做，就好像足球运动员在临门一脚的刹那间收回了脚，功亏一篑。做事不求彻底、有始无终、半途而废、不能善始善终地做完一件事的人，最易失去信任。他们在工作时，也一定是拖泥带水、虎头蛇尾的。这样的人对于任何企业来说都是没有任何价值的。

我们在做事时有一个好的开头固然非常重要，但同时我们也应该知道，好的开头只是成功的一半。任何事情的成功不仅需要“善始”，更需要“善终”，只有坚持到最后，才能得到一个完美的结局。

善始善终是所有想要成功的人都必须具备的一种素质，能善始善终做完工作的人，必然具有强烈的责任心，必定能为社会作出贡献，同时也能最大限度地体现自己的价值。如果你是一个上司的话，试问，你会愿意看着这样的员工从你身边溜走吗？

如果你想获得上司的信任、同事的赞赏的话，就请善始善终地把自己的工作做好。不要开始的时候干劲十足，到了最后却想浑水摸鱼、蒙混过关。当然，这需要的是坚持不懈的毅力和持之以恒的决心。那就从现在开始，锻炼自己的毅力、磨炼自己的耐心，让自己成为一个真正善始善终的人。

日常生活中，每个人都对自己的未来有着各种各样的期许和规划。要想让这些期许一一实现，我们就必须有坚定的信念，即使在遇到困难时也要知难而上、勇往直前。如果一遇到挫折就轻言放弃的话，我们将永远不会和成功相遇。成功永远属于那些行事能够善始善终的人，没有顽强毅力的人只能成为成功者的陪衬。

请记住，善始善终地工作，不仅仅是一种责任，更是一种品质。

修炼8 犯错后主动承担，有责任心才稳重

人都喜欢犯错后主动承担并改正的人，犯错没关系，但是犯错后拒不认错、不思悔改的人会让人反感，更会因此失去别人的信任。

人犯了错误之后，往往会出现两种态度：一种是拒不认错，并找许多借口辩解推脱责任；另一种是坦承错误，勇于改正，并找到解决问题的合适途径。没错，人们都会有这样的一个弱点，就是喜欢为自己辩护，为自己开脱，要是真正能做到知过能改，真是太不容易了。

其实，只要你坦率地承担责任，并尽力去想办法补救，你仍然可以立于不败之地。遗憾的是一般人都做不到这一点，首要原因就是虚荣心在作祟。一向认为自己在各方面的能力都不错，很少会有失误发生，久而久之，便养成了“一贯正确”的意识。

一旦真的出现过错，他们首先会在心理上难以接受。出于对面子的维护，他们会找借口开脱，或者干脆将过错掩盖起来。在现实工作中，我们经常会见到一些像机器一样，需要“按钮”的员工。他们只做上司明确要求他们做的工作，像电脑键盘那样去执行，具有很强的“服从”意识。

朱影是一家公司的客户助理，主要的工作就是负责接待客户与回答客户的来电咨询。工作很轻松，她只要给来电咨询的人们介绍一下公司的基本情况和主要产品就行了。

朱影暗自高兴，她找到了一份稳定而又轻松的工作。然而令人意外的是，在她工作了一段时间之后，公司决定开除她。这让朱影非常不服气，觉得自己没有做错什么，于是便找到部门经理质问。

部门经理说："客户们都反映，我们公司接电话的那个员工态度太差，对业务知识一点也不熟悉，工作态度不积极。你知道吗？因为你的原因，公司丢了很多客户！"朱影觉得十分委屈，反驳道："我态度怎么就不认真了？我也是按照公司规定的执行的啊！"

部门经理听后，冷静地回答说："没错，你是背熟了产品介绍，不过你并不理解它，遇到客户的提问，你总是把他们推给销售部门。在你与客户交谈时，确实使用了公司规定的礼貌用语，不过你的口气中没有一点儿对客户的亲切和热心。"

像朱影这样的"按钮员工"，别看平时看起来很勤奋、很辛苦，也很守纪律，可他们并不能给公司带来什么利益。不仅如此，他们还会经常误事，在面对"上级没有布置"的未知环节，他们总要等待上司发出新的指示后，才肯执行。倘若一旦出现问题，他们要么停步不前，要么就会绕开问题做无用功，对出现的问题视而不见。

一位知名的企业总裁说过："我非常希望我的下属都有承认错误的勇气。没有人不犯错，包括我自己在内。我不会因为谁犯了个小错就改变对他的看法。相反，我更看重一个人面对错误的态度。"能坦诚地面对自己的弱点，再拿出足够的勇气去承认它、面对它，不仅能弥补错误所带来的不良后果，在今后的工作中更加谨慎地行事，而且别人也会很轻松地原谅你的错误。

山姆在一家商贸公司担任市场部经理一职，工作兢兢业业，很少会发生失误，然而有一次他却疏忽了：由于没经过仔细调查研究，就批复了一个职员为纽约某公司生产5万部高档相机的报告。

等产品生产出来准备报关时，他才知道负责这批货的那个员工早已被“猎头”公司挖走了，那批货一到纽约，就会无影无踪，货款自然也会打水漂。山姆一时想不出补救对策，一个人在办公室里焦虑不安地走来走去。

这时总经理走了进来，看到山姆的脸色非常难看后，就想问他是怎么回事。还没等总经理开口，山姆就立刻向他讲述了发生的这一切，并主动认错：“这是我的工作失误，我一定会尽最大努力挽回损失！”总经理被山姆的坦诚和敢于承担责任的勇气打动了，答应了他的请求，并拨出一笔款让他到纽约去考察一番。

经过努力，山姆联系好了另一家客户。两个星期之后，这批照相机以比上次在报告上写的还高的价格出手了，而且货款回得也很快。

松下幸之助曾说过：“偶尔犯了错误无可厚非，但从处理错误的做法，我们可以看清楚一个人。”老板所欣赏的是那些能够正确认识自己错误、及时改正错误并加以补救的员工。

工作出现失误是我们自己也不愿意看到的事情，但犯错和失误是难免的。对待失误的态度从某种程度上可以说是一个人的敬业精神和道德品行的体现，就好比是橡皮擦、涂改液的发明是为了让你在不慎犯了错之后，有机会再重新来过。

一个人要想登上成功之梯的最高阶，就要永远保持负责的工作态度。成功的人都知道，任何事情都应自己主动争取，并为自己的行为负责才能圆满完成。没有人能保证你成功，只有你自己；也没有人能阻挠你成功，只有你自己。

即使你面对的是毫无挑战或毫无生趣的工作，要是你能够意识到自己的责任，在这种力量的推动下，你才能产生主动做事的欲望，从而获得一份丰厚的回报。主动做事就是在没有任何人要求你、强加于你的情况下，你能自觉且出色地做好自己的事情。

这正应验了西方的那句谚语：“你看见主动自觉的人了吗？他必定站在君王的身边。”主动的人之所以得到赏识，是因为他时刻把责任扛在肩上。当负责成为一种习惯时，我们就能学到更多的知识，积累更多的经验，就能主动全身心地投入到工作中。

不小心犯了错误，最好的办法是积极主动地承担责任，并尽可能地对事情进行补救。只要处理得当，你既能对事态的恶性发展有一个缓冲的时间，同时也可以赢得更多人的信任和尊敬。主动承担责任，你将因此受益无穷。

第十章 不露锋芒，把事办得低调稳健

低调行事，不要在事情还没有做成之前就大张旗鼓。“雷声大雨点儿小”只会让他人觉得你是个嘴上英雄。事情做成后，要建立自我，追求无我的境界，将一些功成名就隐藏在心中，用一种空杯心态重新开始新的人生。

修炼 1 低调行事，小心被得意冲昏了头

低调行事是一种生活技巧，矜持低调、克己奉公、不事张扬，只有懂得这些生活道理并真正做到的人，才能站得更高、走得更远。

《史记·滑稽列传》：“酒极则乱，乐极则悲，万事尽然，言不可极，极之而衰。”人生得意时，一定要在内心给自己画一道警戒线，哪些是可以逾越的，哪些是不能触碰的。这体现了一个人的修养，身居高位而沉得住气，才是真正胸中涵有大韬略的人。在牢记“无限风光在险峰”的同时，我们更不要忘记“高处不胜寒”。

明初首富沈万三，家有田产上万顷，在四里八乡的城镇开设有许多的店铺。对于他的商业才能，余秋雨先生有过一句评价：中国 14 世纪杰出的理财大师。

朱元璋定都南京后，准备重修都城。可是由于连年的战乱，造成国库十分空虚，只好向几个大户借钱。财大气粗的沈万三是当仁不让，主动表示承担 1/2 的钱粮开销。

商人出身的沈万三自然有他的道理，自己这次出了大钱，而且是帮皇上的忙，这个功劳还小吗？如果靠上皇帝这棵大树，名利双收指日可待。

沈万三的得意之情溢于言表。当今皇上都得靠我接济，这是何等荣耀啊！他与皇帝的工程同时开工，结果沈万三先于皇帝完工，朱元璋很不高兴。

修筑帝都三年之后，沈万三觉得“不过瘾”，又申请由自己“掏腰包”犒赏三军。全国军队每人银子一两，总共近百万两。朱元璋更难受了，他本来就出身贫苦，再加上心胸狭窄，终于由妒而恨：“匹夫犒天子之军，乱民也，宜诛之。”从那时起，朱元璋下令收他重税每亩九斗三升，相当于亩产的一半多。通过这件事后，沈万三仍不知道低调行事，还是和以前一样高调出场，结果朱元璋翻脸了。

要不是马皇后求情，沈万三真要人头落地。最后他还是被发配云南，没收亿万家产。一贯养尊处优的他，根本受不了云南的凄凉清苦，不出三年，沈万三就在愤懑抑郁中死去了。

本是好心帮忙，不想无形中过分招摇，反惹来了一身祸。这个结果谁都不能怪，只能怪沈万三自己得意忘了形。这么夸张的炫耀，这么的盛气凌人，别说是一国之君了，就是普通百姓有几个能看得过去呢。

得意的人总会自觉不自觉地膨胀，自我放大，就像一把开了刃的尖刀。好像没有什么困难能难倒他，没有什么问题他解决不了。殊不知这把尖刀随时可能伤害他最亲近的人，也随时可能受到意外的打击。因为它的锋利，所以它才脆弱，折断可能只是瞬间的事。

诚然，我们不能要求所有人都像古人所说的“无欲则刚”，但也并不能如李白所畅言“人生得意须尽欢”。凡事有度，适可而止。“木秀于林，风必摧之”、“枪打出头鸟”，这些民谚都是古人留给我们的警示。

当今社会，人们的生活品质有了大幅度的提高。很多成功之人开始向内敛含蓄的方向转变，得意而不忘形逐渐成为人们处世的准则。

修炼2 收敛锋芒，谦虚待人好处多

收起你的锋芒，锋芒太盛，只会引起别人的不满，其实我们又有什么好骄傲的呢，人无完人，当你觉得你的某项技能超越别人时，别人的另一项技能同样能超越你。

有一只老鹰来到密林深处，它决定在这里定居下来，于是就挑选了一棵又高又大的橡树，在最高的一根树枝上开始筑巢，准备夏天在这儿孵养后代。天天在树下面打洞的鼹鼠，很清楚这棵橡树的根几乎烂光了。于是它就劝老鹰：“这棵树随时都有倒掉的危险。在这儿筑巢很危险的。”

老鹰却不以为然：我能搏击长空，还需要你这见不得天日的鼹鼠来提醒吗?你的目光有我的眼睛锐利吗?

老鹰根本不听鼹鼠的劝告，立刻动手筑巢、搬家，后来又增加了一窝可爱的小家伙。有一天，外出打猎的老鹰带着丰盛的早餐飞回家来。然而，那棵橡树已经倒掉，老鹰的一家子全部摔死了。看见这家破人亡的情景，骄傲的老鹰悲痛不已，它后悔地哭道：“我太自以为是了，将自己看得太高，是自己害了自己!”

对自己估计得越高，失败的可能性就越大。高估自己的人常常会有很多弱点：或者眼高手低，或者自以为是，或者虚荣心强，或者不服管教。

我们做事固然要有信心、要自信，但自信并不是狂妄，并不是自高自大。如果将自己估计太高，期望值太高，迟早会栽跟斗、跌跤的。

其实，我们又有什么好骄傲的呢？一位哲学家说得好，人飞不过鸟，游不过鱼，跑不赢豹，打不过熊……我们在做出成绩的同时，一定要看到自己的不足。

一个人自恃才能过人，总是表现过多，锋芒太露，就会给对手带来压力和不快，别人就会感觉到你气势太盛，不可一世，压得他喘不过气来，将你视作眼中钉、肉中刺，尤其是当你的傲然之气表现出来的时候，他甚至会怒火中烧，不择手段地对你施以明枪暗箭。所以，做人必须学会收敛锋芒、韬光养晦。

一个自认为有才华有前程的人，要做到“心高不气傲”，既能有效地保护自己，又能充分发挥自己的才华，就要战胜盲目自大、盛气凌人的心理和作风，凡事不要太张狂太咄咄逼人，并且还应当养成谦虚让人的美德。这不仅是有修养的表现，也是生存发展的策略。

曾经当过苏军大本营总参谋长的华西里也夫斯基，许多时候能使斯大林不知不觉采纳他的正确的作战计划，这与他的做人技巧有很大的关系。

斯大林在办公室与华西里也夫斯基炎天说地地“闲聊”时，华西里也夫斯基往往会“不经意”地“顺便”说一些军事问题，既不郑重其事，也不头头是道。果然如他所料，等他走了以后，斯大林往往能想起一个好计划。

整个二次大战期间，斯大林在军事上最倚重两个人：一个是军事天才朱可夫，一个就是上述的华西里也夫斯基。

甚至有人说，军事天才朱可夫之所以被斯大林倚重，从某种意义上来说，正好与斯大林倚重大智若愚的华西里也夫斯基有关。因为倚重朱可夫，也是华西里也夫斯基的主意。

所以无论你有如何出众的才智或高远的志向，都要时刻谨记：心高不可气傲。不要把自己看得太了不起，不要把自己看得太重要，必须审时度势，尽量收敛起锋芒，以免惹火烧身，影响前程甚至危及生命。

修炼3 谦恭的境界：建立自我，追求无我

建立自我，追求无我是谦恭的一种方式。只有懂得追求无我的人，才能真正明白谦恭的意义，懂得如何追求无我之境。

一个人有了不凡的成就，在言谈间姿态放得很低，这个人就是摆正了自己的位置，懂得处理自我与他人的关系。自古以来，人们有许多这方面的格言警句启迪后人，如“谦虚使人进步，骄傲使人落后”，“虚心竹有低头叶，傲骨梅无仰面花”，“百尺竿头，更进一步!”

上午开朝会，F总谈到上周在香港参加长江商学院CEO班时的事情，总结出来一个道理，越伟大越渺小，越成功越谦虚!

F总一班共有30多名学员，因为是在香港上课，且李嘉诚对长江商学院有持久的投入，所以安排了一次与李嘉诚的工作午餐会，让学员与这位华人首富有3小时的时间亲密接触。

当电梯到达长江大厦27层，学员走出电梯时，李嘉诚已经站在电梯门前迎接学员，并一一握手问候。在酒会的30分钟里，李嘉诚走到学员中间，一

一握手并询问学员来自哪家企业，所在哪个行业，并说：“向你们学习”。

在用餐时间里，每半个小时李嘉诚就会换一个座位，与每一桌的人进行交流。用餐结束后，李嘉诚又亲自把学员送上电梯，并一一握手告别。

F总说，在席间他斗胆问了李嘉诚一个问题，问有什么最重要的忠告要告诉在座的所有企业家们。李嘉诚想了想说：“我一生追求八个字——建立自我，追求无我！成功的最好方式是——每天学习，每天进步！”李嘉诚现年78岁，据他自己说，他每天晚上都会看书，不断地学习。

一个人只有了解得越多，他越认识到自己知道得很少。这是一条人类认识发展的规律。剑桥大学的一个学生认为自己已“学有所成”，去向老师辞行，老师深知学生的底细，看着这位“学有所成”的学生，老师慨然道：“事实上，我自己才刚刚入门。”

浅薄的人总以为地下天上无所不知，而富有智慧的哲人深感学海无涯，自己永远是个学子。牛顿曾有感于此，他说他只不过是一个在大海边拾到几只贝壳的孩子，而真理的大海他还未曾接触。所以，稻穗越满，越是低头，人越是成功，便越要懂得谦虚。

修炼4 狂妄自大只会让自己失去尊重

有句谚语说得好：“总想比别人高一头的人，最终一定会比别人低几个头。”

目中无人，自认清高，未必是真高。低头，并不意味着就自动放弃了自身的价值。这好比水一样，把它和什么东西放在一块儿，它总是垫底的，处于最下层，但它却享受着人们对它无上的“尊敬”。

法国作家司汤达年轻时是一个骄傲自大的人，言行不可一世，处处咄咄逼人。造成他这种个性的最大原因，归咎于他的父亲。因为其父过于纵容他，从来不对他的这种非礼的行为加以训斥。倒是他父亲的一位挚友实在看不过去了，有一天，把他叫到面前，用很温和的言语，规劝他一番。这番规劝，竟使司汤达从此一改往日的行为，踏上了成功之路！

父亲的挚友对他说：“司汤达，你想想看，你不肯尊重他人意见，事事都自以为是的行为，结果将使你怎样呢？人家受了你几次这种难堪后，谁也不愿意再听你那一味矜夸骄傲的言论了。你的朋友们将一一远避于你，免得受一肚子冤枉气，这样你将不能再从别人那里获得半点学识。何况你现在所知道的事情，老实说，还只是有限得很。”

司汤达听了这一番话，大受触动，深知自己过去的错误，决意从此痛改前非，处世待人改用赞赏的态度，言行也变得谦恭委婉，时时注意是否有损他人的尊严。不久，他便从一个被人鄙视、拒绝交往的自负者，变为到处受人欢迎爱戴的成功人物了。他一生的事业也得力于这次成功的转变。

如果司汤达当时没有接受这位长辈的劝勉，仍旧一意孤行，说起话来不分大小，不把他人放在眼里，那结果定会不堪设想，至少法国将会少一位伟大的作家。

妄自尊大将使与你接触的人们，个个感觉头痛，留下一个不快的印象。从此，你所能交的新朋友，将远没有你所失去的老朋友那样多，直至众叛亲离的绝境。如果到了那时，你做人还有什么趣味？你还有什么伟大的成就？你的名誉还能靠谁来传扬呢？

要改正目中无人的不好脾性并不是一件难事，只要记住：即使现在有了一点点小成就，比起未来的成就也只是微乎其微。即使有人已对你大加赞美，也只是表明他们对你这一阶段的肯定，而不能说是你的成就已达顶峰。

当你对人说话时，应该打定主意：你是在向对方吸取学识经验，而不是把你浅薄的学识全部搬出来献礼。你发表意见，必须抱着求人将它改善的目的，而不是用来压倒人。因为实际上，没有一个人喜欢被迫接受意见。

修炼5 多个朋友多条路，少结冤家少堵墙

“多个朋友多条路，多个冤家多堵墙。”多交朋友，少结冤家，这是走向成功的不二法则。

战国时期，魏国有一个人叫范雎。他满腹经纶、学富五车，但是因为无人引荐，只好寄居在中大夫须贾门下充当食客。有一次须贾出使齐国，范雎得以随从的身份一同前往。到了齐国以后，范雎因为谈吐不凡，得到了齐襄王的欣赏。因此被齐襄王赏赐黄金与牛肉、美酒。而作为正使的须贾觉得备受冷落、颜面无存。回国以后，须贾向相国魏齐指控范雎私受贿赂，向齐国出卖情报，有辱使命。

魏齐大怒，命人将范雎抓来严刑拷打。魏齐看到范雎被打得断肋折齿，体无完肤，直挺挺地躺在血泊中动也不动，便命仆人用苇席裹尸，弃于茅厕之中。等到天黑了以后，范雎从苇席中张目偷看，只有一名仆人在旁看守，便悄悄地对这个仆人说：“我快要不行了，你如果能让我死于家中，以便殡殓，他日定当重金酬谢你的恩德。”仆人见他可怜，又贪图钱财，便向魏齐撒谎说范雎已经死了，当时魏齐正在与宾客喝酒，迷迷糊糊地就命仆人将范雎的尸体丢到郊外喂狗吃。

范雎趁着夜色回到家中，马上让家人将苇席置于野外，以达到掩人耳目

的目的。后来，在郑安平和王稽的帮助下，范雎来到秦国，受秦王重用并拜其为相国，封以应城，称为应侯。

范雎终于出人头地，他奏请秦王发兵伐魏。这时的范雎化名张禄，因此魏国还不知秦相是范雎。魏王得知秦王将要东进伐魏，急忙召集群臣商议。商议之后魏王派中大夫须贾去秦国求和。

须贾来到秦国，面见范雎以后才知道秦相张禄就是范雎，幸好范雎宽容大度，绕了须贾一命。范雎将以前的事一一报告了秦王，他说魏国恐秦，遣使求和。秦王大喜，同意魏国求和。范雎回来对须贾说："秦王虽然同意了议和，但魏齐之仇不可不报，留你一条狗命回去告诉魏王，速将魏齐人头送来。否则，我将率兵攻打魏国。"

须贾回到魏国以后，魏齐听到了消息十分恐惧，连夜逃往赵国，藏于平原君赵胜家中。秦昭王闻之，为给范雎报仇，便设计诱骗平原君至秦，然后派人送信，如不送魏齐人头到秦国，就不准平原君回赵。魏齐走投无路，只好自杀而死。

范雎报仇了以后不忘自己的恩人，他想起王稽和郑安平，便觐见昭王，说道："我本来是一个快要死掉的人，如果不是王稽忠于大王而纳臣于秦，臣不会有今天。还有当年救臣于水火之中的郑安平，请大王恩赐提拔他们。"于是，秦昭王任命王稽为河东太守，让郑安平当了大将军。

王稽和郑安平是范雎的朋友，因为有了他们，范雎才能保住性命并当上了秦国的丞相。而魏齐是范雎的仇人，因为范雎这一个敌人，魏齐就被逼自杀。可见，朋友的益处和仇人的害处都非常重大。

人与人之间，没有什么不共戴天的仇恨，要记住一点：敌意是渐渐增加的，也能渐渐消释，冤家宜解不宜结。在日常的工作和生活中，冤家就是自己的人生路上的障碍，树敌过多，说不定哪天自己的通路就会被仇人堵死。如果能够化解相互之间的恩怨，将仇人转化为自己的朋友，那就为自己多开通了一条路，这岂不是两全其美的事情吗？

大千世界，说大便大，说小便小。如果今天被你捉弄的同事，他日成了你的上司，你将如何面对他？这岂不是陷自己于尴尬的境地吗？另外，所有上司都不会喜欢乱打小报告的下属，他们会想，你成天忙着侦察人家的缺点，还有多少时间用在工作上呢？

怎样“化敌为友”是与同事相处的重要方面。同事曾经和你为了一个职位而争得头破血流，不过，今天你们俩已经分别做了不同部门的主管，尽管没有直接的接触，可是将来的情况又有谁会知道呢？因此，你要为将来铺好路。

如果同事获得了提升，不妨写一张贺卡，送出你的祝福，假如其他同事为他搞庆祝会，你不管有多忙，也应该抽空参加。不然的话，就私下请对方吃一顿午餐。恭贺他的时候，应该多谈大家在工作方面的喜和乐，对以往的不愉快事绝不能提，从而拉近双方距离。

人生非常漫长，谁都可能一不小心就做了错事，伤害了别人。唯一解决的办法就是，当你发现自己的问题以后　及时地去解释和道歉，这样才能避免怨恨越积越多。对于那些总是想算计别人的人，还是害人之心不可有最好，总之，冤家宜解不宜结。

大自然的弱肉强食讲究的是力量，而并非日后的长久利益，这是自然的生存法则。但是人类社会则不同，它比动物界复杂得多，人与人之间、团体与团体之间的依存关系十分紧密，除了竞赛以外，任何“你死我活”式的游戏，对我们来讲都是不利的。人与人之间还是应该多交朋友，少结冤家。

修炼6　宽容是争执与误会的催化剂

宽容让一个人从无知走向成熟，宽容之人也是一个有气量的人，有了气量才能包容别人，才能装得下天下。

法国著名作家雨果说过："世界上最宽阔的是海洋，比海洋更宽阔的是天空，比天空更宽阔的是人的胸怀。"蔺相如三让廉颇是宽容，诸葛亮七纵孟获是宽容，鲍叔牙不计前嫌举荐管仲更是宽容。这些宽容的胸怀被载入史册，至今熠熠生辉，折射着人性的光芒。

春秋时期齐国国君齐襄公被杀。襄公的两个兄弟，公子纠和公子小白，听到襄公被杀的消息后，纷纷急着要赶回齐国争夺君位。

在公子小白回齐国的路上，遭遇到公子纠的师傅管仲等一干人马的埋伏。管仲搭箭瞄准，小白应声倒在车里。

管仲以为小白中箭而死，便放下心来，不慌不忙地护送公子纠回齐国。怎知公子小白是诈死，其实他和师傅鲍叔牙早已抄小道抢先回到了国都临淄，并当上了齐国国君，即齐桓公。

齐桓公即位以后，即发令追杀公子纠，并把管仲缉回齐国办罪。但是鲍叔牙却向齐桓公力荐管仲。齐桓公气愤地说："管仲拿箭射我，我的命险些就丧在他的手里，这样的人怎么能用呢?"

鲍叔牙说："彼时他是公子纠的师傅，他用箭射您，正是他对公子纠的忠心。而此时，君位刚立，根基不稳。论本领，管仲远远在我之上。主公若想成就一番大事业，管仲可是个可用之才。"

齐桓公听了鲍叔牙的话，不但没有降罪于管仲，还立刻任其为相，让他管理国政。而管仲也确实大展雄才，帮着齐桓公内整朝政，外开铁矿，把齐国变得越来越富强，最终成就了齐桓公春秋五霸之位。

齐桓公能够宽容一个敌人，如此心胸，何愁不能成就霸业？就像卡耐基所说的那样："得到自己朋友的拥护并不算多大能耐，让自己的敌人敬佩自己，那才是真本事。"拥有了宽广的胸怀，才能有更大的气量去容人；有了更博大的气量，才能有更多的空间去容天下。如此，大事可成。

人与人交往的过程中，不可避免地会产生各种各样的矛盾。如果心胸狭窄，那么只能加深误解和折磨自己。一个人的心中计较装得越多，他的心门越窄。所谓空怀为怀，排除了心中所有的小气，心胸的空间便会越来越大。胸中之志，怀抱天下。如果襟怀坦荡地去宽容他人，那么在宽容他人的同时就是善待自己。

人与人相处，难免会有磕磕碰碰，宽容就是所有争执与误会的消融剂。胸有大量是一种高尚的品质，它让人们在学会宽容的同时，就必须先剔除心中的私欲和杂念，并抱着一颗推己及人的同理心，与人为善。

胸怀越大，就越能包容，正所谓"海纳百川，有容乃大"。容是大的基础，当一个人从无知走向现在的成熟，方可得知与人相处有许多学问，其中就包括宽容。宽容是一种美德，更是一种修养的境界。

修炼7 学会忍让，相逢一笑泯恩仇

相逢一笑泯恩仇，和你的“仇人”握手言和吧，在为敌为友之间，留下了条灰色地带，弯了一下腰，却给自己多了一条路。

人与人之间的交往免不了磕磕碰碰，而且往往都是丁点儿的小事。如果不知忍让，不去克制，轻易就发脾气，那么这个社会就没有什么和谐可言了。相逢一笑泯恩仇，没有人愿意为自己多树敌人。

能过去的就让它过去好了，尤其是那些恩恩怨怨。冤冤相报何时了，没有人天生就喜欢仇恨别人，也没有人愿意为自己树立很多敌人，正所谓相逢一笑泯恩仇，大家都互相宽容一点，再难的问题也能解决，再多的不愉快也都会烟消云散。

上海有一家大饭店，生意非常好。一天上午，一个美国人突然闯进经理室，他气势汹汹地对经理说：“你就是经理吗？我刚才在大门口滑倒摔伤了腰。你们的地板太滑了，连个防滑措施都没有，太危险了。马上带我去医务室。”

经理非常客气地说：“这实在抱歉得很，腰还疼吗？我们马上带您去医务室，请您稍坐一下。”

美国人坐在椅子上，继续抱怨不停。饭店经理这时拿出了一双舒适的拖鞋，温和地对美国人说：“请您换上这双鞋，它能让您稍微舒服一点，医务室已经联系好了，现在我就带您去。”

其实在美国人闯进来时，经理已经看清他的腰部没有多大问题。所以当美国人先走出经理室后，经理就把美国人的鞋交给一个服务员说："这双鞋后跟已经磨薄了，在我们回来之前把它送到楼下修鞋处换上橡胶后跟。"

检查很快就结束了，结果未发现任何异常，那人也完全冷静下来，随后一同回到经理室。经理微笑着说："没什么大问题，比什么都好，这我就放心了，请喝杯茶吧！"

美国人也感到自己方才太冒失了，所以就客气地说："地板太滑，太危险，我只是想让你们注意一下，没有别的意思。"

这时经理拿出已经修好的鞋，对美国人说："很冒昧，我们擅自修理了您的鞋，那个鞋匠说，后跟磨薄了确实容易打滑。"

美国人穿上修好的鞋，感觉合适多了，他对经理的技巧大为惊讶，非常高兴地说道："经理，谢谢您的好意，您的关怀照顾我是不会忘记的。"两个人愉快地握手以后，美国人走出经理室。经理送他出门时说："请您将这个滑倒的事忘掉吧，欢迎您再来。"

从那以后，只要这个美国人到上海，必定住进这个饭店，而且还会找到经理聊上几句。

一场突发的事件就这样解决了，也许是因为经理的机智，也许是因为美国人的不计较，其实是因为两个人都能宽容谅解对方。一个小的矛盾没有升级，而且结局是皆大欢喜的，这是最让人欣慰的地方。

每个人都懂得"得道多助，失道寡助"的道理，尤其是作为领导和上级。在日常的管理过程中，和员工之间的摩擦是不可避免的，要解决这样的问题，还需要双方共同努力，互敬互让才能维护良好的工作关系，对于相互之间的不愉快还是一笑了之的好。

普通人也好，老板也罢，没有人愿意给自己多树敌人。交往中难免要产生小的摩擦和矛盾，解决矛盾是最终的目的，相互之间的恩怨最好能够及时化解。双方都停顿一下，仔细想想，然后会心一笑，自己的愤怒在不知不觉中就会消失了。

修炼8 做人礼让三分，做事路留一步

“让一让，六尺巷”，狭路相逢，未必只有动勇才能解决问题，多一些宽容，多给别人让出一点空间，弯下腰并不是代表输，或许还能让你赢得更光彩。

据《桐城县志》记载，清代（康熙年间）文华殿大学士兼礼部尚书张英的老家人与邻居吴家在宅基地的问题上发生了争执，两家大院的宅地都是祖上的产业，时间久远了，本来就是一笔糊涂账。两家的争执顿起，公说公有理，婆说婆有理，谁也不肯相让一丝一毫。由于牵涉到宰相大人，官府和旁人都不愿招惹是非，纠纷越闹越大，张家人只好把这件事告诉张英。家人飞书京城，让张英打招呼“摆平”吴家。

张英大人阅过来信，只是释然一笑，旁边的人面面相觑，莫名其妙。只见张大人挥起大笔，一首诗一挥而就。诗曰：“一纸书来只为墙，让他三尺又何妨。万里长城今犹在，不见当年秦始皇。”家里人一见书信回来，喜不自禁，以为张英一定有一个强硬的办法，或者有一条锦囊妙计，但家人看到的是一首打油诗，败兴得很。

后来一合计，确实也只有“让”这唯一的办法，房地产是很可贵的家产，但争之不来，不如让三尺看看。于是立即动员将垣墙拆让三尺，大家交口称赞张英和他家人的旷达态度。

张英的行为正应了那句古话：“宰相肚里能撑船。”宰相一家的忍让行

为，感动得邻居一家人热泪盈眶，全家一致同意也把围墙向后退三尺。两家人的争端很快平息了，两家之间，空了一条巷子，有六尺宽，有张家的一半，也有吴家的一半，这条几十丈长的巷子虽短，留给人们的思索却很长。于是“六尺巷”由此得名。

不知道有多少人因为冲动而付出了高昂的代价，因为忍不了一时之气而毁了自己的前程。感情用事往往是不负责任的，其实是在和自己过不去。虽然一时的痛快让人神清气爽，但是后面的痛苦会让你后悔何必当初。

轻易动怒，既伤身体又伤财，明智的人是不会那么冲动，随意宣泄自己的愤怒情绪的。为人处世，遇事都要有退让一步的态度才算高明，让一步就等于为日后的进一步打下基础。否则的话，断了别人的路，也就断了自己的路。

在这个资源匮乏、竞争激烈的年代，忍让常常被人们忽视，其实，礼让是一个人成熟的表现，更是睿智的展现。一个懂得礼让的人，势必让人尊敬，一个善于礼让的人，才会获得别人的拥护。

为人处世之道，凡遇事时都要让人几步，才算是高明之道，因为让一步就等于是为以后的进一步留下了余地；应以宽厚的态度待人，因为给人家方便的同时，也就是为日后自己的方便，正所谓：与人方便就是与己方便。

俗话说：“赠人玫瑰，手有余香。”让人处，不仅体现出自己的良好修养，同时还能获得对方的尊重，何乐而不为？然而在社会中，我们常见一些人，因争一块砖两块瓦三块煤，闹得面红耳赤，甚至大打出手，闹得两败俱伤的结果，这又何苦呢？感情用事要不得，做事要路留一步，做人要礼让三分。

修炼 9 拥有空杯心态，人生永远是新开始

将心里的杯子倒空，是一次去陈换新、删繁就简的重新定位，我们的思维将更加活跃、行动将更加谨慎，迸发出勇往直前的拼劲，打造出辉煌的人生。

成功是一件可喜可贺的事情，但如果一个人太过于沉浸在成功的荣誉、辉煌、掌声或成绩中时，必定会骄傲自满、目光短浅、安于现状、故步自封，结果弄得自己错失良机，一事无成，还容易迷失自我。

在实际生活中，我们看到不少这样的现象：有的人或者有的单位曾经很优秀、很杰出，但后来却停止不前甚至落后了。其中最大的原因之一就是这些人或者单位在取得一定成就后就故步自封，致使当初的成功成了发展的包袱。

如何避免这种情况发生呢？我们需要静下心来，培养一种“空杯心态”。“空杯心态”的含义富有哲理，即一个装满水的杯子很难接纳新东西，如果想获得某方面的进步，需要先把自己想象成“一个空着的杯子”，而不是一个装满水的杯子。

说起空杯心态，下面有一个小故事。很久以前，一个小有成就但心气颇高的年轻人去一个寺庙拜访一位德高望重的老禅师。当老禅师接待他时，年轻人自认为自己各方面的造诣很深，言谈之间自然流露出了对大师的傲慢无礼。

老禅师轻轻地笑了笑，但他还是殷切地给年轻人倒茶水喝。可是在倒水

时，杯子明明已经满了，老禅师依然不停地往里面倒水，结果自然是水洒了一地。年轻人在一旁喊道："大师，杯子里的水已经满了，您为什么还要往里倒水呢？"

老禅师由此说出禅机："是啊，既然杯子已经满了，水怎么还能倒得进去呢？"禅师的言外之意是，既然你已经很有学问了，为什么还要到我这里来求教呢？

听罢，年轻人大悟，深刻认识到圆满仍需要"空杯心态"。

"空杯心态"就是时刻准备一切从头再来，随时对自己拥有的知识进行调整和处理，清空陈腐过时的旧知识。只有这样，我们才能为新知识腾出空间，保证自己的知识不断得到丰富和更新。

每逢冬天到来的时候，许多树木脱掉茂盛的"装束"，变得光秃秃的，让人不免有些惋惜。然而细想之后，你就会发现，它们是在减少生命的负担，是在积蓄能量，等待拥抱下一个灿烂的春天。

"空杯心态"看似是一种一无所有，实际上却是一种更广阔的拥有，因为它赢得了可以无限发展的空间，正如一张白纸最大的优势是它的空白，有最大的自由让人去描绘，从而可以画出最新、最美的图画。

一个人拥有"空杯心态"的时候，他会时刻查找自己的不足、不断完善自我，进而能够接受更新的思想，会思维更加活跃、行动更加谨慎，时刻保持一种乐观的态度去应对新一轮的机遇和挑战。

贝利是20世纪最伟大的足球明星之一，被喜爱他的人尊为"球王"。在他20多年的足球生涯中，总共参加过1364场比赛，共踢进1282个球，而且创造了一个队员在一场比赛中射进8个球的纪录。

贝利超凡的球技不仅令亿万名观众如痴如醉，而且常常使球场上的对手拍手称绝。在他个人进球纪录满1000个时，有记者采访他时，这样问道：

“在这 1000 个进球中，您认为自己哪个球踢得最好？”

贝利的回答耐人寻味，就像他的球艺一样精彩绝伦，他淡淡地回答道：“下一个。”

在巨大的成功面前，贝利没有骄傲自满，而是静下心来，将以前的成功放到一边，敢于向自我挑战。换句话说，因为拥有“空杯心态”，贝利才一次次站在了新的起跑线上，创造了足球场上一个又一个的奇迹。

因此，在成功面前，我们要学会静下心来，将心里的“杯子”倒空，别让那些成就、经验、利益、学识等东西束缚了自己，相信我们定能不断发展、创造新的辉煌，在成功的道路上越走越远。

第十一章 谨慎冷静，把事办得圆满周全

做事时，不要冲动，不要让盛怒扰乱了心，做出让自己后悔的事来，不要让怒心扰乱了事情的秩序，要谨慎对待问题。用一颗宁静的心看问题，一定会比一颗发怒的心看问题要全面，要精准。

修炼1 冷静处理事情方能转危为安

冷静才能让事情往安全的方向发展，试想，当一个人不能控制自己情绪的时候，他必然不能控制事情的发展方向。

在日常生活中，假如生活欺骗了你，记得要把冷静放在第一位。控制好自己的情绪，受益最大的永远是自己，保持冷静和理智是解决棘手问题的法宝。能在不利于自己的环境中持有一份宁静心态的人，一般都具有较高的品格修养。

古代有个韩翁，他开了个典当铺。有一年年底，他忽然听到门外一片喧闹声。他出门一看，原来门外有位邻居。站柜台的伙计对韩翁说："他一个月前将一些衣物典当了，现在空手来取，不给他，他就破口大骂，有这样不

讲理的人吗？”

于是韩翁走出店门，看见门外那个邻居仍然是气势汹汹，不仅不肯离开，反而坐在当铺门口。韩翁见这情景，从容地对那个邻居说：“我明白你的意思。不过是为了度年关。这种小事，值得一争吗？”于是，他命店员找出那个邻居典当的衣物，共有衣服、蚊帐四五件。

韩翁指着棉袄说：“这件衣服抗寒不能少。”又指着袍子说：“这件给你拜年用。其他的东西不急用，可以留在这里。”那位邻居拿到两件衣服，不好意思再闹下去，于是立刻离开了。

当天夜里，这个穷汉竟然死在别人的家里。原来，此人因为负债过多，不想活了，于是就先服了毒药。他知道韩翁家富有，想敲诈一笔留给自己的子女，结果韩翁宽宏大量，能给他的都给他了，于是便转移到了另外一家。

事后有人问韩翁，为什么能够事先不知情而容忍他。韩翁回答说：“凡无理挑衅的人，一定有所依仗。如果在小事上不忍耐，那么灾祸就会来临。”

韩翁的故事给了我们一个深刻的启示：通常情况下，一遇事情不能控制情绪，不能冷静，并且以某种极端手段处之的人，一般都很难成就大事。努力使自己保持宁静的心态，这样你才会遇事不惊、不急、不气、不恼，坦然处之，才能够扭转不利的局面。

人应学会在各种环境中磨炼自己，遇到突如其来的事件，保持冷静的头脑，切忌冲动，只有这样才能转危为安，才能取得出人意料的良好效果。遇到危险，沉着应对可化险为夷；面对意外，冷静处理能够转危为安。

很多时候，沉着、冷静的心态是脱离险境、减小损失的最佳选择。同时，镇定不慌也是一种修养，一种智慧。我们要时刻不忘培养自己心理上的抗干扰能力，冷静地应对世间的千变万化。

修炼2 盛怒之下，守住一颗宁静之心

常人不可避免地会有怒气，而被怒气冲昏头脑只会一事无成，令内心更受折磨、备感痛苦。学着让自己的心静下来吧，才能有从容淡定的人生。

人与人之间的相处需要宽容和冷静，当我们和周围的人因为某些原因出现矛盾的时候，就更加需要我们努力让心静下来，舍弃心中的怒火，切勿意气用事，然后心平气和地看待事情、冷静理智地处理矛盾。

要知道，发怒无法解决任何问题，只会伤害到别人的感情，使他们对你敬而远之，或者嗤之以鼻；一时发泄的痛快也不能给我们带来任何的快乐，只会让事情越变越糟糕，我们内心将更受折磨、备感痛苦。

有一次，在前方征战的拿破仑得到消息，说他的外交大臣塔里兰勾结外敌密谋造反，于是他匆忙从西班牙赶回来，立即召集所有大臣，心想：我一定要揭穿塔里兰这个家伙，要狠狠地数落数落他，让他回心转意。

在会上，拿破仑一看到塔里兰就压抑不住心中的怒火，愤怒地盯着塔里兰，可塔里兰却没有任何的反应。这时候，拿破仑再也控制不住自己的情绪，走近塔里兰说："有些人希望我马上死掉！"塔里兰的确在密谋造反，但他深知拿破仑的性格，他想故意让拿破仑发火，从而让他失去领导者的权威，所以依然没有任何的异常举动，只是用疑惑的眼神看着拿破仑。

终于，拿破仑的怒火像火山一样喷发了，他冲着塔里兰大喊："你的权力是我给的，你的财富也是我给的，你竟然背叛我，你这个忘恩负义的家伙，没

有我你什么都不是，你不过是一堆狗屎，我再也不想见到你。”说完甩袖便走。

塔里兰依然镇定自若，等拿破仑走后他才站了起来，一脸平静地对大臣说：“我们伟大的皇帝今天是怎么了？他为什么对我如此暴躁？我可没有做什么对不起他的事情。或许，是他心情不好才会这么没有礼貌的。”

看到这样的场景，大臣们觉得拿破仑开始走下坡路了。拿破仑的怒气，让他失去了一个领导者应该有的权威和度量，影响了人们对他的支持，最后他居然丧失了主宰大局的权力，从而让塔里兰的阴谋得逞。

拿破仑控制不住心中的怒火，对塔里兰大肆发火，结果失去了一个领导者应该有的权威和度量，失去了解决问题和化解冲突的良好机会，导致自己处于孤立无援的境地，权力也因此而风雨飘摇，真是可悲可叹。

美国生理学家爱尔马通过实验得出了一个结论：如果一个人生气 10 分钟，其所耗费的精力不亚于参加一次 3000 米的赛跑；人生气时，很难保持心理平衡，同时体内还会分泌出带有毒素的物质，对健康十分不利。

既然如此，何必动怒呢？不妨学着让自己的心静下来，经常告诫自己要理智、冷静，就更容易平息情绪、心安神定。只有在这样的心态下，我们才能和风细雨地化解矛盾，换来从容淡定的人生活法。

红尘之中，常人不可避免地会有怒气，而做事不理智、处世不冷静的后果极其严重：因为老板的一句无心之语而意气用事，盲目地提出辞职；为了一点小事、一丝隔阂而冲动、发怒，闹得夫妻不合，最后分道扬镳……

做到平心静气绝对是一种高深的境界。如果你每次生气时也能像故事中的塔里兰这样做，相信你必能收获一颗如莲花般清雅脱俗的心，和风细雨地化解和别人的矛盾，并且在思想境界上得到极大的升华。

你希望自己不被怒气冲昏头脑、更少出错吗？你期待自己的人际关系更加和谐吗？你渴望能更平顺地到达成功的彼岸吗？那么，务必在盛怒之时学着让自己的心静下来，守住一颗理智冷静的心。

修炼3 别为小事起摩擦，小摩小擦易“爆炸”

现代人生活忙碌，做起事来容易犯心浮气躁的毛病，其实如果能冷静下来，心平气和地考虑问题，世上很少有什么是过不去的大事。

现实中，将人们击垮的有时并不是那些看似灭顶之灾的挑战，而是一些微不足道的鸡毛蒜皮的小事。一些人常常被困在这些有名和无名的忧烦之中，它们一旦出现，人生的欢乐便不翼而飞，严重时，甚至会改变原有的生活轨道，给人带来无妄之灾。

有一位30岁的主妇，在家政公司请了一位小时工帮自己家里擦玻璃。这是一个从农村来的小姑娘，手脚麻利，只一上午就干完了活。这个主妇是爱干净的人，她发现有一扇窗户还不够透亮，就让小姑娘又擦了一遍。对着阳光再看，边角处依然有几丝污点，就说那小姑娘，小姑娘也不示弱，坚持自己已经干完了活，就等着拿钱走人。这位主妇见她竟然敢顶嘴，一气之下就打电话到家政公司，投诉他们的员工干活敷衍，欺骗雇主。

公司经理也是个有脾气的人，指着小姑娘的鼻子发了一顿火，还扬言要开除她，把她撵回老家去。小姑娘越想越生气，第二天就买了一桶油漆蹲守在小区门口，看到那位主妇提着菜篮出去，冲出去把一桶油漆全部泼到她身上。

在这个事件中，人人都有毛病，都差在一个“静”字上。有些人对生活要求高，遇事挑剔，看什么都不顺眼。其实许多事情过得去就行了，否则不但自己累，身边的人也跟着受罪。对清洁的标准太苛刻，这就是不能忍的一种体现。若真的看不过眼，自己随便动动手也就是了，眼里不容人，逼人太甚，也是不能忍的表现。再说那位干活儿的小姑娘，做好工作是本分，应对雇主的挑剔，也是自己工作的基本内容之一。如果她能这么想，就不会为别人不恰当的言辞伤了自尊，以致发生争执，引发更大的怒火。至于事后的报复，更是不冷静的表现，只为一次小小的冲突就这样做，相信在事情过去之后，每个人都是悔之莫及的。

人生在世，就不可避免地会受到一些有意无意的伤害，任何人都是如此。只要不是原则性的问题，大可不必过于认真，一个有涵养的人，绝不会因鸡毛蒜皮的小事与人结怨。如果吃点小亏而能保证大方向畅通无阻，那么何乐而不为呢?

修炼4 理清思路静下心，不慌不乱职场人

人的情绪是受周围环境影响的，当你理顺了工作，神清气爽地开始每一天的时候，你会发现，自己的头脑清醒了，效率提高了，那种因为工作而产生的无名之火也消失不见了。

现代职场竞争激烈，稍有懈怠，就有被淘汰出局的危险，大家都恨不得一个人当成两个用。在这种状态之下，压力不可谓不大。于是，那种“日出而作，日落而息”的从容悠然再也不容易见到，一日日地匆忙、焦虑，在积压之下，急躁状态会不断上升，直到“最后一根稻草”，个人对情绪的控制完全丧失，直至出现勃然大怒为止。

心理专家认为："人不会因为过度疲劳而死，却会因愤怒和烦恼而死。"是的，人总是像一个陀螺一样旋转，而工作依然堆积如山，然后这种焦虑会侵蚀你的生命，损害你的健康和创造力。试想，当你的办公桌上乱七八糟地堆满了待复信件、报告和备忘录时，会导致怎样的慌乱、紧张和忧烦呢？摆脱不了这种状态，等待你的将是精神彻底崩溃的那一天。

著名的精神病医师威尔斯，有一天接待了一位来自东京的病人。这位病人是东京一家大公司的高级主管，第一次去见威尔斯医师的时候，整个人充满了紧张、焦虑的情绪而闷闷不乐。他工作繁忙，并且知道自己状态不佳，却又不能停下来，他需要帮助。

"当这位病人向我陈述病况的时侯，电话铃响了，是医院打来的。"威尔斯医师说道，"挂上电话不久，电话铃又响了，是紧急事件，颇费了我一番唇舌去解释。接着，有位同事进来询问了一些问题。等我把这一切忙完，我向这位病人道歉，让他久候了。但是这位病人精神愉悦，脸上流露出特殊的表情。"

这位病人说道："别道歉，在这10分钟里，我已经明白了自己哪些地方不对了。我要回去改变我的工作习惯……但是，在我临走之前，我可不可以看看你的抽屉？"

威尔斯医师拉开桌子的抽屉，除了一些文具之外，并没有其他东西。

"告诉我，你的待处理事项都放在什么地方？"病人问。

"都处理了。"威尔斯回答。

"那么，待复信件呢？"病人问。

"都回复了。"威尔斯告诉他，"不积压信件是我的原则。我一收到信，便交代秘书处理。"

6个星期后，这位公司主管邀请威尔斯医师到他的办公室参观。他改变了，当然桌子也变了，抽屉里面没有任何待办文件。

这位主管说道："6个星期以前，我有两间办公室、三张办公桌，到处堆满了没有处理完毕的东西。跟你谈过之后，我回来清除掉了没用的报告和旧文件。现在我只留下一张办公桌，东西一来便处理妥当，不会再有堆积如山的待办事件让我紧张烦恼。最奇怪的是，我已不药自愈，再不觉得身体有什么毛病啦!”

职场的焦虑症，多来自于那似乎永远也处理不完的工作，迅速决定、及时清理则是对症的药方。

如果办公桌上堆满各种报告、文件、杂物，就容易使人产生一种混乱、紧张和忧虑的情绪，使人不知觉地处于一种高压状态，身心疲惫，也会给自己的工作质量和工作效率带来一种微妙的影响，所以，要自己的办公桌保持一种整洁的状态，就是在为自己创造一个舒适的工作环境，工作起来就会轻松很多。

一张桌子如同一个人的面子，办公桌干净不干净就可以看得出来这个人的修养如何。从办公桌可以看出一个人的行事作风和生活习惯，从办公桌也可以看出一个人的人生态度。而且在清除你桌上所有文件资料的时候，你会发现一些被自己遗忘的工作，或是与你正要处理的问题有关的东西，或许在整理的过程中会对你正忙的工作有启发。

为了有效防止工作的堆积，你还需要事先做出合理的规划。你可以制定一个工作卡片，在这个工作卡片上，第一栏是制定一天所需要完成的事情，第二栏是一天实际完成的事情。两栏相比较，我们就可以发现自己在什么事情上面浪费了时间，以此来加强自己的时间感。

要控制完成一件事情的时间，这就要求我们预告限定我们完成一件事情的时间，也在工作卡片上写下你所要做的每一件事情所需的时间，这样可以加强你工作的节奏感。再次，你可以要求自己一次就把事情做好，不要留下其他残余的东西，更不要使工作留下缺陷，等待下次抽时间来解决。你只有在做第一件事情时 100%地做好，才能够给第二件事情留下 100%的时间。

另外，在单位时间内做更重要的事情。首先，你要决定什么事情是重要的，什么是不重要的。重要的事情往往都与工作目标或者企业的目标有关，也可以与个人的目标相关。凡是有利于工作价值的增长、有利于工作目标的实现、有利于人生幸福的事情都可以认为是重要的事情。把这些事提上日程而立即着手去做，你会发现自己每天都在从容地向着目标迈进，越来越接近心中的梦想。

我们大多数人都有经验，影响时间效率的往往并不是那些难度大的或者重要的事情，而往往是一些繁琐小事，诸如寻找文件等。据统计，一般公司职员每天要花 2~3 个小时寻找乱堆乱放的东西。每年因东西摆放不整洁和无条理，将浪费近 20%的时间。

而真正高效的人，是没有这方面的困扰的。他们从来不显出忙乱的样子，做事非常镇静。别人不论有什么难事和他商谈，他们总是彬彬有礼。在工作场合，他们寂静无声地埋头苦干，各样东西安放得有条不紊，各种事务也安排得恰到好处。因为工作有秩序，处理事务有条有理，所以就不会浪费时间，不会扰乱自己的神志，办事效率就会很高。

修炼 5　心中要有一双明辨的眼睛

美好的家庭是人生事业的支柱，我们要有一颗沉稳的心，要有一双善于明辨的眼睛，不要因为一点小事就吵吵闹闹，甚至做出让自己后悔的事。

对于一个成年人来说，维护好一个美满的家庭，是他做人和处世能力的最基本的体现。如果一个人连自己的家务事都料理不明白，在社会上人们也难以信任他管理其他事务的能力。而且，一个和谐美满的家庭，可以解除我们的后顾之忧，为我们在社会上打拼提供最有力的支持。

“家和万事兴”，维护好一个“和”字，一定要有雅量。有些家庭内部的小事，视而不见，本来也没什么大不了，如果抓住不放，便会搅得人心不宁。

唐代宗时，郭子仪在扫平安史之乱中战功显赫，成为复兴唐室的元勋。因此唐代宗十分敬重他，并且将女儿升平公主嫁给郭子仪的儿子郭暧为妻。这小两口都自恃有后台，互相不服软，因此免不了发生口角。

有一天，小两口因为一点小事拌起嘴来，郭暧看见妻子摆出一副臭架子，根本不把他这个丈夫放在眼里，愤愤不平地说：“你有什么了不起的，就仗着你父亲是皇上！实话告诉你吧，你父亲的江山是我父亲打败了安禄山才保全的，我父亲因为瞧不起皇帝的宝座，所以才没当这个皇帝。”

在封建社会，皇帝唯我独尊，任何人想当皇帝，都可能遭满门抄斩的大祸。升平公主听到郭暧敢出此狂言，感到一下子找到了出气的机会和把柄，立刻奔回宫中，向唐代宗汇报了丈夫刚才这番图谋造反的话。她满以为，父皇会因此重惩郭暧，替她出口气。

唐代宗听完女儿的汇报，不动声色地说：“你是个孩子，有许多事你还不懂得。我告诉你吧，你丈夫说的都是实情。天下是你公公郭子仪保全下来的，如果你公公想当皇帝，早就当上了，天下也早就不是咱李家所有了。”接着他又对女儿劝慰一番，叫女儿不要抓住丈夫的一句话，乱扣“谋反”的大帽子，小两口要和和气气地过日子。在父皇的耐心劝解下，公主消了气，自动回到了郭家。

小两口关起门来吵嘴，在气头上，可能什么激烈的言辞都会冒出来。如果句句较真，就将家无宁日。杀人不过头点地，自己又能得到什么好处？唐代宗用“老人应当装聋作哑”来对待小夫妻吵嘴，不因女婿讲了一句近似谋反的话而无限上纲、大动杀机，而是化灾祸为欢乐，使小两口重归于好。他的这笔利弊得失的账算得很明白。

处理家庭内部的纠纷，以顺其自然为佳，激烈反应，只能雪上加霜，把问题复杂化，冷静地回应，有什么事说什么事，自然云消雾散。

米琪和她的丈夫决定在星期六晚上6点左右，到他们俩最喜欢的餐厅用餐。那天她的丈夫和同事去打篮球了，米琪则和她的朋友一起逛街，一起吃午餐、喝咖啡。

时间过得很快，马上就到约会的时间了，但米琪由于路上堵车，来不及赶到餐厅。当她到达餐厅时，丈夫已经坐在里面了，两眼直盯着窗外。看着这情形，米琪为迟到而向丈夫道歉，并告诉丈夫自己今天和朋友在一起过得很愉快，还让他看自己买的那些东西。

最后米琪从包里拿出一份特别的礼物——一对漂亮的金色袖扣，和她丈夫穿的西装很搭配。米琪以为丈夫会高兴，没想到他只是喃喃说了声“谢谢”就把袖扣放进口袋里，然后一语不发地坐在那里。

米琪看着丈夫的情绪很怪，以为他不说话是在惩罚自己的迟到，或是想让自己紧张。这顿晚餐两个人没有说一句话，气氛非常沉闷。

在回家的路上，丈夫还是一言不发，很安静地开着车，米琪心里就在想，一定出现很严重的问题了。米琪试着找出是什么问题，最后决定回家后再提出来问。

到家后，丈夫直接走进客厅，打开电视，两眼茫然地盯着它看。从他眼里流露出的信息仿佛是在告诉米琪，我们之间完了。米琪最后怀疑到丈夫一定有别的女人了，他一定在想别的女人。他不想告诉自己，是不想伤害自己。

就这样，米琪和她的丈夫一起坐在沙发上，坐了15分钟，后来米琪实在是受不了，就回屋睡觉去了。10分钟后，丈夫也进来了。令米琪讶异的是，他竟然拥抱自己，并对自己说：“亲爱的，对不起，你知道吗，今天火箭队把最关键的比赛输掉了。”

最后米琪才恍然大悟，自己的丈夫是篮球迷，非常喜欢火箭队，他今天不说话的原因就是因为自己支持的球队输了球啊！

在家庭生活中，我们要学会谦让、容忍，克制住自己的情绪，在遇到困难或一些棘手的事情时，必须要冷静地思考，试着多与家人交流沟通，而不是自己一个人在那胡思乱想，凭空夸大事实。

我们要有一颗沉稳的心、一双善于明辨的眼睛，能够发现哪些小事最后可能量变引起质变，哪些小事可以忽略不计，任其自由发挥。只有如此，人生才会张弛有度，才不会纠缠于各种琐事中，失去了生活重心，抓不住主要矛盾。

修炼6 控制自我情绪，福祸因自己而来

生活中，有时一句真诚的话语、一种热情的举动，可能会在无意之间保护了自己，改变他人一生。以诚换诚，照亮别人，成就自己。

在人与人的交往中，什么样的情况都可能发生，什么样的事情都可能遇到，因此在处理事情时，要学会保护自己免受伤害，要学会控制自己的情绪，不要轻易地把自己的情绪表露出来，以免伤害自己、得罪别人。不加控制地直接流露自己的喜怒哀乐，也显示出自己本身肤浅、没有城府。

无论做人还是做事，都不能感情用事，只图一时痛快，全然不顾他人的感受和所产生的后果。否则就是在给自己挖坟墓。在一些侦探小说里，有一

种固定的套路，若是某人无端遭了横祸，办案人员首先要调查他的人际关系。若此人性格谦恭，与人为善，基本上就排除了挟仇报复的可能性，如果他一贯争强好胜、言行不谨，就很容易招来嫉妒和仇怨。

一个抢劫犯刑满释放，却仍游手好闲。数月之后，迫于生计，他又萌发了恶念。为保险起见，他选择了一位寡居的老太太下手。老太太年届七旬，视力不好，抢劫犯敲开门时，她以为是前来修理管道的水暖工。老太太热情地将他迎入，还给他泡了上好的茶。抢劫犯纳闷极了，不过他还是耐着性子，甩开膀子给老太太修理管道。

因为是暑天，他又从未干过此类活计，故而累得满头大汗。老太太则在一旁忙不迭地为他擦汗、打扇、递茶。费了好大劲儿，抢劫犯终于把水管修好了。当接过工钱，又被老太太热情送出后，抢劫犯站在大街上，发了半天愣，恍若梦中。

他第一次体会到劳动的快乐，也第一次品尝到了被人尊重的滋味。此后，他决心不再重蹈覆辙，而是苦苦经营了一个家政公司。由于服务周到，公司日益红火，日益壮大。当然，老太太的家务他全包了，而且终生免费。昔日的抢劫犯变成了今天的公司经理，还视老太太如生母，经常去问候和看望她。

人都是有感情的，彼此都是对方的一面镜子，你如何对待别人，他也会如何对待你。那些不成熟或易冲动的人 往往不能控制自己的情感和行为，遇到某种刺激，易于兴奋，易于激动，处理问题冒失、轻率，好意气用事，不顾后果。由于不能控制自己的情绪，其结果往往是不堪设想的。

在法国发生了这样一则故事：阿兰·马尔蒂是法国西南小城塔布的一名警察。一天晚上他身着便装来到市中心的一间烟草店门前。他准备到店里买包香烟。这时店门外一个叫埃里克的流浪汉向他讨烟抽。马尔蒂说他正要去买烟。埃里克认为马尔蒂买了烟后会给他一支。

当马尔蒂出来时，喝了不少酒的流浪汉缠着他索要烟。马尔蒂不给，于是两人发生了口角。随着互相谩骂和嘲讽的升级，两人情绪逐渐激动。马尔蒂掏出了警官证和手铐，说："如果你不放老实点，我就给你一些颜色看。"埃里克反唇相讥："你这个混蛋警察，看你能把我怎么样?"在言语的刺激下，两人扭打成一团。旁边的人赶紧将两人分开，劝他们不要为一支香烟而发那么大火。

被劝开后的流浪汉骂骂咧咧地向附近一条小路走去，他边走边喊："臭警察，有本事你来抓我呀!"失去理智、愤怒不已的马尔蒂拔出枪，冲过去，朝埃里克连开4枪，埃里克倒在了血泊中。最后，法庭以"故意杀人罪"对马尔蒂做出判决，他将服刑30年。

一个人死了，一个人坐了牢，起因是一支香烟，罪魁祸首是失控的激动情绪。

在社会中生活，有许多突发事件需要我们用智慧去化解。其实，有很多凶杀格斗本是不应该发生的，事后采访当事案犯，他们大多也是悔之莫及。既然不是处心积虑要行凶，为什么最后又发展到不可收拾的地步？大都是因为言来语去，越说越恼，头脑一热就失去了理智。

有人把愤怒比作是人类情绪中最可怕的魔鬼，因为它能使人丧失理智，降低人的判断力、理解力和自制力。在不可遏制的愤怒中，人们往往将事情局限于表面，难以冷静地纵观全局，愤怒引发的冲动使人做出一些过激行为。

从心理上讲，发怒之人一般气量狭小、虚荣心过强，或缺乏修养、自制力差。暴怒、狂怒，还会破坏人的健全思维能力，瓦解自制力，使人做出失去理智的事情，伤害他人，最终给自己带来麻烦。所以说发脾气不是小事，温情是种美德，在我们的生活中，如何做人，如何与人相处，相信在此时你已经有了自己的答案。

修炼7 长留静气于心底，宠辱不惊自然人

“大方无隅，大器晚成，大音希声，大象无形，道隐无名。”我们必须留静气于心底，让我们前进的步伐更加矫健，更加铿锵有力，谱写出更加精彩的人生。

明代洪应明在他的作品《菜根谭》中这样说过：“从静中观物动，向闲处看人忙，才得超凡脱俗的趣味；遇忙处会偷闲，处闹中能取静，便是安身立命的功夫。”就像古人说的一样，‘非宁静无以致远”，无论在什么时候，每个人都应该具备“留静气于心底”的本领。

在纷繁复杂的社会中，我们要想更好地适应变幻莫测的社会环境，就必须长留静气于心底，坦然地面对社会的错综复杂，面对社会中物是人非的改变。当我们真正能够做到这一点的时候，我们就会发现另一番美丽的风景：心留静气，才可以保持大脑的清醒，做出精明的选择；心留静气，才可以淡泊明志，不为成功骄傲，不为失败懊恼；心留静气，才可以从容不迫，坦然自若；心留静气，才可以举重若轻，更好地处理问题……总而言之，静气对于芸芸众生都非常重要，在我们的人生中有着举足轻重的作用。

如果一个人心中没有静气，遇事心烦气躁，甚至不分青红皂白地指责别人，并时常孤芳自赏。那么，他就很难得到别人的尊重，也不可能有知心朋友。

老赵是一家公司的员工，他工作上兢兢业业，从不允许自己有半点马虎。有一天，部门主任找老赵有事，但是，老赵去的时候主任却不在，于是他就在主任办公室等候。这时候老赵发现主任办公室桌上的玻璃破了，于是想给

主任换一块，他刚一起身，主任就推门而进。当主任看到这块破玻璃，就不分青红皂白地把老赵狠狠地数落了一顿，说他不懂得爱护公物，丝毫不给老赵解释的机会。老赵对此非常无奈，最后用自己的好玻璃把主任的坏玻璃换下来了，把坏的粘在自己的桌子上。

等到第二天的时候，主任发现了老赵桌上的破玻璃，对他又是一顿唾沫横飞，说老赵故意破坏公物，严重影响了公司的形象。老赵气得浑身颤抖，但主任却不听他解释。

又过了两天，老赵去街上重新买了一块新玻璃换上，却又舍不得扔掉坏掉的那块，于是就打算带回自己家。但是他刚走出公司门，主任就从一辆车上下来，指着老赵手中的玻璃，怒气冲冲地对老赵说："你可是咱们公司的老员工了，想不到你竟然会做这种事，你这个月的工资和奖金全没了，你明天也不用上班了，在家写检查。"

当时周围有很多的同事和行人观看，主任却这样污蔑自己，老赵再也忍不住心中的怒火，将玻璃一甩，回家了。第二天，他就交了辞职报告，离开了公司，该公司失去了这样一名优秀的员工。

因为主任的冲动，老赵离开了公司，公司因此失去了一名优秀的员工。我们不妨试想一下，如果主任当初能够平静地听取老赵的解释，哪怕他不去表扬老赵的做法，最终的结果也会截然不同的。一个真正心境宁静的人能够追溯到一份平衡，一份和谐，他们能够把所有的事情看得透，也能够放下很多不必挂心的事情，让自己的生活更加惬意。

生存在纷繁复杂的社会，生活节奏日益加快，彼此之间的竞争也愈演愈烈，人们无休止的欲望给心灵戴上了枷锁，造成了很大的压力。这个时候就需要我们怀揣一颗平静的心，在喧嚣的环境中寻觅一份属于自己的恬静，做到不以物喜，不以己悲。只有这样，我们才不会被生活所累，才能够在变幻莫测的社会中站稳脚跟，体会生命的真谛。

我们每个人都必须做到“内安于心，外安于目”，长留静气在心，只有这样，我们才可能笑看庭前花开花落，才能够在纷繁的社会上活出自己的静谧。社会不断改变，但我们的灵魂不能浮躁，我们前进的步伐不能停止，更不能乱套。我们要始终保持一颗平常心，做一个宠辱不惊、坦然自若的强者。

众所周知，每一个真正有修养、有品位、有内涵的人，往往不是一个锋芒毕露的人，他们能够做到仁厚谦恭、泰然处之。不论他们作任何的决策和选择，都可以沉得住气，理智地面对所有的一切。

修炼 8 优柔寡断会让你做出后悔事

> 当断不断，优柔寡断。果断让我们抓住了很多机会，即使最后因为我们的果断失败了，我们也会从中得到很多的经验。

人生在世，我们会遇到很多的选择，在作选择时我们一定要做到“不犹豫”，才能“不后悔”。在很多人的眼中或许会这样认为：决策太快定会让自己做出很多后悔的事情，要想以后不后悔，做事、选择的时候就应该小心谨慎。正是这种心态，使很多人做事情的时候，当断不断，优柔寡断。

殊不知，优柔寡断会使我们丧失很多的机会，因为机会不会因为我们没有准备好而停留片刻。所以说，人生还是果断一点为妙，果断会让我们抓住很多的机会，即使最后失败了，我们也不会后悔，因为我们经历了，我们获得了经验。

然而，在现实生活中，很多人则因为自身的优柔寡断丧失了大好的前程。那么到底是什么原因导致他们优柔寡断、当断不断呢？究其原因，其一，遇到的事情非常突然，自己没有做任何的准备，想拖一拖再着手处理。其二，自己对事情的利弊得失不是很清晰，所以想等事情浮出水面再作最后的决定。

就是因为这些原因，很多人犹豫不定，无从表态。殊不知，人生如同博弈，当你弄明白的时候，别人也弄明白了，那最后花落谁家谁又知道呢？所以说，凡事还是当断则断的好，聪明人在面临选择的时候，绝不会犹豫不决，而会当机立断，做出自己的决策，成与不成自己都不会感到遗憾。

他是一家公司的总经理，在他刚刚去公司的时候，激情特别高，工作做得非常出色，董事长对他非常器重。随着市场不断扩大，公司多年积压的管理漏洞也慢慢浮现了出来。

董事长察觉到了管理和经营中出现的问题，但他却采取了私下协调的方式，私底下和总经理进行探讨。然而，结果却是总经理越加放肆，员工的意见也此起彼伏。无奈之下，董事长只好进行长达几个月的会上会下协调，但结果不尽如人意，公司亏损近亿元。

董事长最后只好请了顾问，顾问在了解了具体的情况后，极力要求董事长换掉总经理，只有这样才能够使情况好转。

对此，董事长却犹豫不决，还说了好多肺腑之言："难道不换掉总经理，就不能解决问题吗？你看他熬了大半辈子，好不容易熬上了总经理的位置。如果就这样把他换掉，他以前的努力不就白费了吗？这对他的打击是非常大的，我怎么忍心啊。再说他过两年差不多就退休了，在这个时候给他当头棒，咱们就太不近人情了吧。"就因为这样，他依然是公司的总经理，但最后因为公司亏损严重，好心的董事长被撤换了。

更加令众人难以置信的是，总经理在董事长走后，大肆破坏董事长的名声，甚至将一切责任都推到董事长身上。俗话说"恶有恶报"，不久后，这位心术不正的总经理也被辞退了。

董事长最终的结局让很多人都感到气愤，但我们也不得不深思，正是因为他不能够以大局为重，当断不断，才导致自己的前途毁于一旦。所以说不论是管理者还是芸芸众生，我们都必须纠正心中不良的心态和观念，凡事做到当机立断。只有这样，我们才能够抓住更多施展才华的机会。

伟大诗人歌德曾经在他的诗歌中进行了这样的描述：“长久迟疑不定的人，常常找不到最好的答案。”所以说，事之成败皆在于果敢决断，优柔寡断永远只会是我们成功路上的绊脚石。

修炼9 考虑周全才能作出正确的选择

做事时，要考虑周全，从大局出发。片面考虑只会让事情朝着错误的方向发展，也会让事情与目标越来越远。

“知彼知己者，百战不殆；不知彼而知己，一胜一负；不知彼，不知己，每战必殆。”这是《孙子兵法·谋攻篇》中说到的一点。人生在世，我们无时无刻都面临着很多的选择，要想作出正确的选择，我们必须做到知己知彼，全方位地认识自己所面临的选择。只有这样，我们才可能不急不躁，才能理智地作出正确的选择。

回首往事，我们曾经因为自己一次错误的选择，失去了朋友，失去了工作，失去了爱人。其实，并不是说这样的选择是错误的，而是因为我们在选择之前没有更好地认识，没有从全局出发，认识到自己需要什么，什么才是自己迫不及待想得到的。

选择需要果断，但还需要我们理智、清醒，否则，我们不仅达不到自己想要的目标，还会因此荒废很多的时间和精力，甚至让我们的意志受到很大的打击。

小强是第一次来北京，北京有他要好的朋友，所以他来到北京的第一站就是朋友的住所。他下车后拦了一辆出租车，说出了自己想去的地方，并对司机说："司机，你选择最近的路开吧，我想快点到达那个地方。"说完便按照自己手中的地图给司机先生指路。

这时候，司机摇摇头很真诚地对他说："不行啊，这时候是上班高峰期，走最近的路定会堵车，说不定还不如步行，虽然我们稍微绕一点，但可以避免堵车，会更省时间的。"

这时候小强不听司机先生的劝说，说："我知道的，你不用管，听我的就好了。"

司机无奈之下，只好听从乘客的指挥，走了小强自认为省时省力的近路。但是，像司机说的一样，他们遇上了堵车。这时候小强急中生智："从这个小胡同过去。"但开进去才发现这是条死胡同儿，再回头看，后面有几辆车尾随而来，就这样，小强的车子进退两难，但也无人可怪。

就像故事中的小强一样，我们也经常犯同样的错误，在我们决定一件事情的时候，往往只看到了一面，而忽视了另一面，最后导致让自己后悔不已的后果。就像小强一样，他只看到了走近路要快得多，却忽视了上班高峰期的困扰，最后也只能浪费了时间，又浪费了金钱。

所以说，在任何时候，不管面临什么样的选择，哪怕是一个领导作出决策的时候，都必须从全局出发，而不能片面地分析问题，并作出片面的选择。否则，就可能导致严重的错误发生，甚至会导致一个家庭，一个企业的毁灭。只有采取全面的策略，才可能收到想要的，甚至更好的结果。

每个人在作决策的时候，都不能片面地作出选择，而是应该带上"放大镜"，从整体观念出发，从大局入手。也就是说，在作决策的时候，或者作选择的时候，我们必须沉下心来，从全局出发，作全面的分析，最后才可能得到想要的战果，才可能获得最后的胜利。

第十二章 细节制胜，把事办得滴水不漏

细节决定成败这句话说了很多年，但真正践行的人却少之又少。很多人都会讲“大丈夫志在四方，何必在乎一丝一毫”，但是，请记住，“一屋不扫，何以扫天下。”任何大事都是从一丝一毫积累起来的，任何大事都是由细节组成的。

修炼1 事分轻重缓急，做事请排顺序

做事的时候，请按照事情的轻重缓急给事情排下顺序，不要在做一件事情的时候，想着另一件事情，更不要想着把所有事情同时做完。

现在请你闭上眼睛回想一下，在工作的时候，下面这些情景是否经常出现：手边是不是总会有一堆琐碎的小事做不完？是不是感觉所有工作都“一样重要”？是不是非得先做完手边的工作，才肯再接新的工作？是不是经常麻烦上司为你“调整工作进度”？

如果你的答案为“以上皆是”的话，那么你需要提高警觉了，说不定你

已经成为别人眼中的“头痛人物”。工作的时候如果你分不清事情的“轻重缓急”，不但会浪费许多时间，更会让你的努力全部“归零”。也许你会说：事情有那么严重吗？先看看下面这两个发生在我们身边的事情。

我曾经目睹一位在理发行业做经理的朋友“差点气死”的过程。那天由于店里的生意太好了，所有的助理人员都忙得不可开交，我这位手艺高超的朋友，一边忙着帮客人剪头发，一边用眼角余光观察到有位正在烫头发的客人，必须立即拆掉烫头发用的卷子。于是她马上让一位助理来拆卷，不想这位助理人员固执地非把手边工作完成，才肯接下一个工作，完全不顾客人头发超时会烫坏。最后在这位经理的再三催促下，助理才姗姗来迟，当助理拆开一个卷子的时候，才发现因为定型时间太长，头发已经变成一个一个圆圈，而并非当初设计时的半圈。

可见，在执行的过程中，很可能你原本预计一天要做 15 件事，但做到第 10 件的时候，时间就用完了，没做完的 5 件事只好挪到第二天再做。可是，万一有些事情延迟到第二天时也没有轮到它，该怎么办？

有些人会“无限期”地拖延下去，反正不做也不会被老板炒鱿鱼；有些人会产生强烈的罪恶感，拼死拼活也要把它完成；有些人则会产生深深的沮丧感，觉得一定是自己能力不够，才会有这么多事情做不完。

事情之所以会永远做不完，通常是因为你“太贪心”又“太用力”的缘故，若你每天都按照“做事顺序表”执行工作，事情依然忙不完，何不转个弯，换个方式试试看。先把事情排序，然后按照事情的轻重缓急去执行，你会发现这样做事更加有效率，完成得更加出色。

有次到一个学校去演讲，刚好碰到一位在该校教书的朋友，没想到在校园中“巧遇”他三次，他都对我说同一句话：“我快忙疯了！”然后匆匆离去，生怕我会浪费他一分一秒似的。

正因为每天要做的事情太多，而时间却很有限，因此，若你想在有限的时间内完成最多的事情，不妨利用前一晚的睡前，或是每天的早上，将当天所有要做的事情列成一张表。用这种方法处理日常生活和工作中的事务，不仅可以收获到事半功倍的效果，而且还能将生活带入到一种节奏明快的韵律中去。

修炼2　有张有弛，让生活从单色变成彩色

有张有弛、进退有度不仅是达到世事练达境界的处世原则，也是激励心志、磨炼意志、助我们踏上人生成功坦途的精神武器。

人的一生就是一个画圆的过程：做人的原则和准绳是一个基本点，是圆心；为人处世的心态和方式方法——也就是一个人在思想上的建树成就一是半径，它直接决定圆的大小。所以，这就要求我们做人做事要张弛有度。找准自己的圆心，掌握适当的尺度，才能画出理想的人生之圆。

弓弦勒得太紧就会崩断，有张有弛才能做成大事。为了追求学业、事业、家庭这些看似很重要的东西，我们就像上紧的发条，一刻不停地向前跑，却忽视了沿途的风景。

世间无常胜将军，人也不可能永远处于巅峰。古人云：有张有弛，文武之道。人生中有太多的比赛，是否能拿到金牌并不是最重要的，关键是能一如既往地保持平和的心态、轻松的身姿，从每一次“比赛”中汲取有益的东西，以人之长，补己之短。如此，方能长远。

生活中，外在的现实需求和内在的精神探索，往往形成两个方向完全相

反的拉力。这一拉力的直接效应就是形成内在的压力，造成精神的紧张。如果无法像圣人似的修炼出一种静中寓动、动中求静的心态，那我们就必须考虑有所为而有所不为，即懂得取舍。否则，这种无形的压力日积月累，将会给身心带来极大的伤害。

有意识的放松，尤其是在条件尚不成熟、应该缓行或冷处理的事物上，目的是保证在那些需要进取的方面投入更为集中的时间和更加饱满的精力。旅途中感到疲乏了，不妨暂停下来小憩一番。在风吹梧桐、雨打芭蕉中，品茶煮酒，挥毫泼墨，又何尝不是人生快事？生命之旅是有限的，必要时要学会松一松生命之钟的发条，才不会崩断那根弦。

一位中年男子，不知不觉就到了人们常说的“爬坡”年龄，方方面面的压力都很大。

那几年，为了提高效率，他一直在寻找最快捷的工作和生活方式，经常是人还在路上，就考虑到达时该做的工作和该说的话，认为这样才算是有效率的工作。直到有一天，经历了飞机上的那一幕，才彻底改变了他的生活方式。

那天，这位中年男子急着要赶到另外一个城市与一位抄袭过他多篇文章的年轻人对簿公堂。临走时，因为他妻子收拾行李时表现出的婆婆妈妈和拖拖拉拉而大发脾气，与在楼下等候的律师一起到机场时，又因为机场办理登机手续过慢，差一点与机场的工作人员吵起来。

当他和律师开始登机时，排在他们前面的是一对70多岁的老夫妇。他们行动迟缓，这位中年男子却急着要坐下来，如果不是律师的安抚，他差一点竟要抢在老人前面去找座位。终于这对老夫妇找到了位置，放妥了行李，双双坐定，他们才得以通过，而且正好就坐在老人的后排。

半个小时后，空姐开始给旅客送饮料，前面这对老夫妇点了饮料之后，老先生说他该吃药了，而药放在机舱行李柜内。于是老先生站起来，慢腾腾地在大包小包中翻找他的药片，好不容易找到了，用掉了大约五六分钟。空姐分发饮料的工作也暂停了五六分钟。

大家都有些不耐烦。听到大家的埋怨声，中年男子终于忍不住了，他站起来朝着那对老夫妇喊道：“你们为什么老耽误大家的时间？”

中年男子的声音太大，老先生显然受到了惊吓，惊慌之下把自己小餐桌上的咖啡杯弄倒了。老先生的裤子湿了大半，服务员连忙给他递上餐巾纸，并致歉，说照顾不周，请您原谅。

老先生说道：“今天是我们结婚50周年纪念日，我们第一次坐飞机。实在很抱歉，我们的行动慢，给大家造成不方便……”

老先生的话让刚才埋怨他们的人都感到不安，整个机舱忽然安静下来，大家都不说话了。这时候，机上的另一位服务员拿来了香槟酒，邀请大家一道来庆祝这对老夫妇50周年结婚纪念。人们开始鼓掌，在掌声和祝福声中，中年男子也愧疚万分，连忙向两位老人赔礼道歉。下了飞机，中年男子马上打开手机，给妻子打电话，为他刚出门时的脾气急躁而道歉。

当天，中年男子没有与那位一念之差侵犯他著作权的年轻人走上法庭，而是与年轻人达成谅解协议。年轻人感动之余，承诺要报销他们的机票，被中年男子婉言拒绝了。

事情过后，中年男子调整了生活和工作的重心，陪伴妻子和女儿的时间大大增多了。那年的父亲节，他收到了刚上小学一年级的女儿精心挑选的礼物。

有张有弛，张就是保持积极的进取精神，在最值得投入的方面不断取得进一步的发展；弛则是在必要时，务必学会放弃，学会放松。

有张有弛，不仅是工作的节奏和生活的节奏，生活的色彩才不会单一，人生的过程才会更加精彩。同时，这也是保护我们自身精神健康和心理健康的科学方法。这不仅是在纵向掌控事物发展不同阶段上的跌宕起伏，也是在横向把握不同事物之间关系上的进退有度。

修炼3　从小事开始，做好每一件身边事

认真做好每一件事，说起来似乎像随意都能做到，但实际做起来却需要持之以恒的意志力。

我们说，一个人能坚持把一天中所遇到的每一件事情都做好，这并不太难，难的是一辈子如此。人生目标贯穿于整个生命，而我们在工作中所持的态度，就可以逐渐把自己与周围人区别开来。每个人的日常行事，都是由一件件小事构成的。但不能因为这是不起眼的事情，就因此而敷衍应付或轻视懈怠。工作中更是如此。

所有的成功者，他们与我们都做着同样简单的小事，唯一的区别就是，有这样一个意识强烈地植根于他们的头脑之中：工作中无小事。所以，他们从不认为自己所做的事是简单的小事。

美国标准石油公司曾经有一位小职员，叫阿基勃特。他在出差住旅馆的时候，总是在自己签名的下方，写上“每桶4美元的标准石油”字样。就连在书信及收据上也不例外，签名的底下一定是这样一行字。因此，阿基勃特被同事叫做“每桶4美元”，而叫他真名的人倒是越来越少了。

公司董事长洛克菲勒知道这件事后，为这个员工的细致和敬业而感慨：“竟有职员如此努力宣扬公司的声誉，我要见见他。”

于是他邀请阿基勃特共进晚餐，从言谈举止中了解到，这是个一直以来把每一件小事都能做好的人，进而提拔他做董事长的特别助理。后来，洛克菲勒卸任，阿基勃特成为了第二任董事长。

在签名的时候署上“每桶4美元的标准石油”，这简直是一件太微不足道的小事了。而且严格说来，这件小事还不在阿基勃特的工作范围之内。但阿基勃特就这样去做了，并坚持把这件小事做到了极致。那些在此之前嘲笑他的人中，也许有不少人才华和能力都在他之上，可是最后，只有他成为了董事长。

别轻视自己所做的每一件事，即便是最普通的，也应全力以赴、尽职尽责地去完成。台阶是阶梯式的，只有一步一个脚印地向上攀登，步子才走得稳，成绩才站得住。

大事是由许多小节连成的，任何鸿篇巨制也必定是由一个个词汇组成。那些一心只想着做大事的人，常常对小事嗤之以鼻，不屑一顾。其实，连小事都做不好的人，对于大事，最终只能是空中楼阁，纸上谈兵。

世界文豪伏尔泰说：“使人疲惫的不是远方的高山，而是你鞋里的一粒沙子。”往往，小事并不简单，因为小事常常都是琐碎的，要把它做好，花费的精力和时间并不一定比大事少。所以说，用心去做好每一件小事，这是一种人生态度。只有抱定这样的态度，做事时才能够平淡而坚定，才能在忙碌的生活中保持好行事的方向，时时刻刻严格要求自己。当你坚持认真做好每一件平凡的小事时，突然就会发现，自己已经成就了一种伟大。

“千里之行，始于足下。”没有平日的积累，没有小事的锻炼，纵然有最好的机会降临，也只能手足无措地与它擦肩而过。人生的路是由我们自己每一步的脚印所踏出来的，每一天都是一个阶梯，都是向着既定目标踏出的新的一步。成功是一个逐渐积累的过程。所以，紧紧盯着眼前的这一阶梯，着手落实好下一件要做的小事，一步一个脚印，最终必能登上成功之巅。

大成功是由小成就组成的，只要一步一个脚印，认真做好每一件小事，成功就在不远处。正所谓“不积跬步，无以至千里；不积小流，无以成江海”。大凡成功者，多数是从小事做起。“积沙成塔，积腋成裘”无论是

“塔”的高度，还是“裘”的厚度，都是在沉下气后潜心积累而成。只有平时做事认真精细，在规划大业时才能精益求精，成就卓越。

修炼4 细节决定成败，小事决定大事

太多的人，总不屑一顾于小事和事情的细节，却不知道从古至今，很多大事的成败都是由细节决定的。

历史记载的许多胜者为王败者为寇，兴兴衰衰朝代事，感人的都是那些生在枝枝杈杈间曲环交错的细节。有些片段，当时看着无关紧要，后来事实证明却牵动了大局。人类历史上因细节而导致失败的事情太多了。

国王理查三世准备与敌军决一死战，因为这场战斗的胜者将统治英国。战斗进行的当天早上，理查派马夫去备好自己最喜欢的战马。

马夫对铁匠说：“快点给它钉掌，国王希望骑着它打头阵。”

铁匠回答：“你得等等，我前几天给国王全军的马都钉了掌，现在我得找点儿钉子来。”

马夫不耐烦地叫道：“我等不及了，敌人正在向我军推进，我们必须在战场上迎击敌兵，有什么你就用什么吧。”

铁匠埋头干活，钉了三个掌后，他发现没有钉子来钉第四个掌了。“我需要一个钉子，”他说，“得需要点儿时间砸出一个。”

马夫急切地说：“我告诉过你我等不及了，我听见军号了，你能不能凑合一下？”

“我能把马掌钉上，但是不能像其他几个那么结实。”铁匠说。

“能挂住吗?”马夫问。

“差不多能，”铁匠回答，“但我没太大把握。”

“好吧，就这样，”马夫叫道，“快点，要不然我们得挨罚的。”马掌钉好后，马夫将战马牵到国王面前。

两军交锋，理查国王冲锋陷阵，鞭策士兵迎击敌人，他还没走到一半，突然，一只马掌掉了，战马跌翻在地，理查也被掀倒在地上。国王没有再抓住缰绳，惊恐的战马就跳起来逃走了。理查环顾四周，他的士兵们见国王倒下了，便纷纷转身逃跑。敌人的军队包围了上来。不一会儿，敌人的士兵俘获了理查，战斗结束了。

从那时起，人们就说：少了一个铁钉，丢了一只马掌；少了一只马掌，丢了一匹战马；少了一匹战马，败了一场战役；败了一场战役，失了一个国家。

细节决定成败，小事决定大事。百姓开门七件事，柴米油盐酱醋茶，没有一个是经国大计，任何一个当政者都不能忽视。任何庞然大物，都不忽略小，只有小，才是最具繁衍力的。

近代人尽皆知的重大发明、发现，从苹果落地发现地心引力，从开水冒气到发明蒸汽机，无不是由小事影响整个世界的。正是由于近代科学发现了最小的物质颗粒——电子、质子、中子、光子，人类才浩荡地走过20世纪，快速发展到今天。微电子技术的诞生和发展，是从最初集成电路只包含几个、几十个元器件，发展到一个小小硅片上可以制作出几十万个、上百万个元器件，形成微型电子电路的。正是这个微型电子电路，带来当今世界飓风般的各种生产方式大规模乃至超大规模变化。

可见，未来最终改变我们这个世界、影响人们生活的，不在宇宙，乃在毫微。小的不仅仅是美好，而且关键时刻它孕育一种与命运相关的改变。在工作上，无论大事、小事，都要认真对待。往往一个小小的细节，就决定着你的成败。

修炼5　世事无小事，简单不等于容易

我们在做任何事情的时候，不论是大是小，都应该尽心尽力，满腔热情，锲而不舍。

法国卢浮宫收藏着莫奈的一幅画，描绘的是女修道院厨房里的情景。画面上正在工作的不是普通的人，而是天使们。一个正在架水壶烧水，一个正在优雅地提起水桶，另外一个穿着厨衣，伸手去拿盘子——即使日常生活中最平凡的事，也值得天使全神贯注地去做。

行为本身并不能说明自身的性质，而是取决于我们行动时的精神状态。工作是否单调乏味，往往取决于我们做它时的心境。

人生目标贯穿于整个生命，你在工作中所持的态度，使你与周围的人区别开来。日出日落、朝朝暮暮，它们或者使你的思想更开阔，或者使其更狭隘；或者使你的工作变得更加高尚，或者变得更加低俗。

每一件事情对人生都具有十分深刻的意义。如果你是砖石工或泥瓦匠，可曾在砖块和砂浆之中看出一栋栋大楼与砖块、泥浆之间的关系？如果你是图书管理员，在整理书籍中是否感到自己已经取得了一些进步？如果你是学校的老师，当看到自己的学生成绩进步时，你是否会变得非常有耐心，所有的烦恼都抛到九霄云外了？

在日本，有一位少女，她进入社会的第一份工作就是在酒店洗马桶。刚开始，她非常不习惯，每当将抹布伸进马桶里时，她就会恶心得想吐，她觉得不能再做这份工作了，她受不了。有一天，她在洗马桶的时候又想呕吐，于是就将抹布抛到一边，伤心地想，为什么自己一定要做这种工作？

这时，有位前辈走了过来，拿起抹布，一遍又一遍地擦着马桶，直到把马桶擦得光亮照人，然后，她拿来一只杯子，舀了一杯马桶里的水，仰头一饮而尽，就像喝可乐一样。这位前辈没有说一句话，却让那位少女受到了极大的震撼，她没想到一件小事也可以做得如此完美。

从此以后，她时时用前辈的行为来鼓励自己，做好每件看似微不足道的事情。这位少女最后成为日本的邮政大臣，也就是邮政部门的最高长官，名叫野田圣子。

如果只从他人的眼光来看待我们的工作，或者仅用世俗的标准来衡量我们的工作，工作或许是毫无生气、单调乏味的，仿佛没有任何意义，没有任何吸引力和价值可言。这就好比我们从外面观察一个大教堂的窗户。大教堂的窗户布满了灰尘，非常灰暗，光华已逝，只剩下单调和破败的感觉。但是，一旦我们跨过门槛，走进教堂，立刻可以看见绚烂的图画。

由此，我们可以得到这样的启示：人们看待问题的方法是有局限的，我们必须从内部去观察才能看到事物真正的本质。有些工作只从表象看也许索然无味，只有深入其中，才可能认识到其意义所在。

每一件事都值得我们去做。不要轻看自己所做的每一件小事，即使是最普通的事，也应该全力以赴、尽职尽责地去完成。小任务顺利完成，有利于你对大任务的成功把握。一步一个脚印地向上攀登，便不会轻易跌落。通过工作获得真正的力量的秘诀就蕴藏在其中。

修炼 6 做事专心致志，分散精力事无所成

专注是成事的基石，只有专心致志地投入到事情里面，并且坚持不懈地去探索，才能把事情做到一个高峰。

荀子在《劝学》中说得好："蚓无爪牙之利，筋骨之强，上食埃土，下饮黄泉，用心一也。"即使底子再薄弱、力量再微小，只要专一，最终也能达到目标。古代棋艺高手弈秋教二人下棋的故事，想必我们早已耳熟能详。专心致志听讲的人肯定能够学到真本领；而一心想着射鸿鹄的人，能够学到一些皮毛就已经很不错了。

一个人如果心中不专一、做事不专注，必会荒芜一生；相反，如果能够把全部的精力倾注在眼下正在做的这件事上，那么终究会取得优秀的成绩。

戴尔·泰勒是美国西雅图一所著名教堂德高望重的牧师。20 世纪 60 年代的某一天，他向学生宣布：谁要是能背出《马太福音》第五章到第七章的全部内容，他就邀请谁到西雅图的"太空针高塔"餐厅免费餐会。

这太空针高塔高 185 米，登上高塔餐厅可以一览西雅图的美景。另外，那里的甜点也是孩子们向往的美味，可以说那是每个孩子都梦想去的地方。但是要获得这个机会并非易事，因为《马太福音》第五章到第七章又称"山上宝训"，是《圣经》中的著名篇章，有几万字的篇幅，而且不押韵，要背诵全文有相当大的难度。

但是有一天，一个 11 岁的学生胸有成竹地坐在戴尔·泰勒牧师面前，以孩子特有的童音从头到尾一字不漏地把原文背下来，没出一点差错，而且到

了最后，竟成了声情并茂的朗诵。泰勒牧师惊讶地张大了嘴巴。要知道大人能背诵全文的也是少有的，更何况是一个孩子！

牧师不禁好奇地问："你是如何背下这么长的文字的？"

这个孩子不假思索地回答："我只是专心致志地去背。"16年后，这个孩子成了一家知名软件公司的老板，他的名字叫比尔·盖茨。

在人生的道路上，外在的客观原因起一定的作用，但个人的主观努力却是最根本的。比尔·盖茨无论是对《圣经》的背诵还是后来他所取得的伟大成就，都得益于他总是集中精力去做好眼前的事。比尔·盖茨的竭尽全力向我们昭示了这样的道理：一个人要想有所成就，就要重视内因的积极作用，用专心致志的精神去叩开成功的大门。

分散精力很容易一事无成。生活中很多人之所以没有实现早年确定的目标，大都是因为他们容易见异思迁，注意力也就难免被分散了。如果不能专心致志地做事，便只能探究到事物的表层。真正有所建树的大家都集中精力专注某一领域，并且坚持不懈地去探索，最终创造出前人无法企及的成果。

几十年前，波兰有个叫玛妮雅的小姑娘，学习非常专心，不管周围怎么吵闹，都分散不了她的注意力。

一次，玛妮雅在做功课，她姐姐和同学在她面前唱歌、跳舞、做游戏。玛妮雅就像没看见一样，在一旁专心地看书。姐姐和同学们想试探她一下。她们悄悄地在玛妮雅身后搭起几把椅子，只要她一动，椅子就会倒下来。时间一分一秒地过去了，玛妮雅读完了一本书，凳子仍然竖在那儿。从此姐姐和同学们再也不逗她了，而且像玛妮雅一样专心读书，认真学习。

玛妮雅长大以后，成为一个伟大的科学家，她就是居里夫人。

尽管有的人能够不断地产生新的目标，新的规划和思想，但是当要开始实行某一计划、着手去做具体事情时，他们却很难专注下去。三心二意只能说明他们不知道真正的目标在哪里，因此所有的事情都将无疾而终。所以说，专注是成就事业的基石，不少成功者都是依靠这一法则在社会中立足的。

专心就是把意识集中在某个特定欲望上，并要一直集中到已经找出实现这项欲望的方法，而且成功地将其付诸实际行动为止。

可见，成功是需要"聚焦"的，只有把自己的精力用在最擅长的方面，才能获得最大的收获。三心二意、好高骛远永远成不了大事，专心才是成功的最佳途径。

专心致志的过程就好像通过放大镜观察物体一样：当物体不在焦点上时，影像就不够明朗，看起来一片模糊；可是一旦对准焦点，影像就会变得十分清晰。无论是学习、工作还是做游戏都要全神贯注、心无旁骛，如此，才能一步一步实现最初的理想。

修炼7　所有的意外都是由疏忽细节引起的

细节的不等式：100-1≠99；100-1=0，功亏一篑，1%的错误会导致100%的失败。

有些人能够爬上高达百丈的大树，却在不到一丈的小树上失足跌了下来。攀登高处的时候，因为知道高，心里有了万全的准备，所以不容易疏忽；小树使人对它失去戒心，心情松懈，就不免大意了。所以，所谓危险，不在树的高低，而是在精神的弛紧。工厂工人受伤的比例，做了一两年的熟手，远比初来的生手要高得多。

所有的意外，都是由疏忽细节引起的，而习惯性的自信，却是造成这些小小疏忽的最大原因。谁又能估计世间因为“不小心”而造成生命的损失、人体的伤害和财产的损失呢？往往由于某些工作人员的小小疏忽，造成车辆倾覆，房屋焚毁，丧失许多宝贵的生命。铁轨上的小小裂痕，或是车轮上的一些毛病，会遭覆车之祸，伤害许多生命；因为不小心随便扔一根燃着的火柴，扔一个香烟头，结果竟然星星之火得以燎原，使得一城一镇的房屋遭到焚毁。人们往往注意大事却疏忽细节，但谁知道闯大祸的就是那些琐碎的细节！

有人开车手艺不错，已有多年驾龄，但他开车时总是小动作不断，比如点根烟、换盘 CD、和骑车的熟人打个招呼等。旁人说他他不听，反而说：“我艺高人胆大，没事。”结果有一次，他在一座立交桥上连人带车从桥上冲了出去，原因再平常不过：在高速急转弯的同时，他伸手去扶了一下快要倒的矿泉水瓶。

不要以为那些潜伏着危险的不良习惯只是件小事，不要觉得你的本事大，别人眼中的危险事对你而言没有什么大不了的，总有一天，它会找上你的门，开始袭击你。因为看似一些极微小的事情，却有可能造成重大事件。

范仲淹说：“先天下之忧而忧，后天下之乐而乐。”与人同乐，一个人能做到这个地步就不错了，可是当你追求成功时也只做到这种地步，这样就不及格了，多少要有先忧后乐的精神。“忧”，不只是担心挂念，广义的解释应该包括思考、创新和构想。所以“先忧”的意思就是比他人先一步思考、创新和构想。每个人都不是十全十美的，如不能完全做到“先忧”的要求，也至少要有这一念头。

在工作中，精确与对工作的忠诚是一对孪生兄弟。一个员工做事精确的良好习惯，其重要性要远远超过他的聪明和专长。

为什么有些人做事总是免不了犯各种错误呢？究其原因，或是由于观察得不仔细，或是由于思想的不缜密，或是因为缺少足够的理智，或是因为行动的粗劣。

工作中绝对的正确和精细，是从事任何职业的重要资本。有了这种资本，自然会受到器重，会得到信任。

现在我们所处的时代，物质高度文明，社会生活安定，人们不需要为最基本的生存问题而发愁了。然而，谁也保证不了在风和日丽的春天，不会响起晴空霹雳。因而，我们时时要有忧患意识，做到“居安思危，有备无患”。

如果每一个人能把自己的全副心思放在工作上，人人都能谨慎小心地工作，那么不但生命的丧失、身体的损伤、物质和金钱的损失，可以比现在大大地减少，而且人们的人格与品质，也会有一个极大的提升。

修炼8 数个“差不多”加在一起就是“差很多”

“差不多”心里要不得，当我们产生“差不多”心理时，就会对所有的事情都以“差不多”的审美观点去审视，这些“差不多”加在了一起，就会“差很多”了。

胡适先生早年写过一篇《差不多先生传》的文章，这是一篇带有寓言性的讽刺作品。“差不多”反映了办事马虎、不认真、不负责、敷衍了事的通病。胡适先生这样写道：你知道中国最有名的人是谁？提起此人可谓无人不知，他姓差，名不多，是各省各县各村人氏。你一定见过他，也一定听别人谈起过他。差不多先生的名字天天挂在大家的口头上，因为他是全国人的代表。

“差不多先生”的相貌和你我都差不多。他有一双眼睛，但看得不很清楚；有两只耳朵，但听得不很分明；有鼻子和嘴，但他对于气味和口味都不很讲究；他的脑子也不小，但他的记性却不很精明，他的思想也不很缜密。

他常常说："凡事只要差不多就好了，何必太精明呢?"

他小的时候，妈妈叫他去买红糖，他却买了白糖回来。妈妈骂他。他摇摇头道："红糖和白糖不是差不多吗?"

他在学堂的时候，先生问他："直隶省的西边是哪一个省?"他说是陕西。先生说："错了。是山西，不是陕西。"他说："陕西同山西不是差不多吗?"

后来他在一个钱铺里做伙计，他也会写，也会算，只是总不精细，"十"字常常写成"千"字，"千"字常常写成"十"字。掌柜的生气了，常常骂他，他只是笑嘻嘻地说："'千'字比'十'字只多一小撇，不是差不多吗?"

有一天，他为了一件要紧的事，要搭火车到上海去。他从从容容地走到火车站，结果迟了两分钟。火车已在两分钟前开走了。他白瞪着眼，望着远去的火车上的煤烟，摇摇头道："只好明天再走了，今天走同明天走，也还差不多。可是火车公司未免也太认真了，8点30分开同8点32分开，不是差不多吗?"他一面说，一面慢慢地走回家，心里总不很明白为什么火车不肯等他两分钟。

有一天，他忽然得了一种急病，叫家人赶快去请东街的汪大夫。家人急急忙忙地跑去，一时寻不着东街的汪大夫，就把西街的牛医王大夫请来了。"差不多先生"病在床上，知道寻错了人，但病急了，身上痛苦，心里焦急，等不得了，心里想道："好在王大夫同汪大夫也差不多，让他试试看吧。"于是这位牛医王大夫走近床前，用医牛的法子给"差不多先生"治病。不一会儿，"差不多先生"就一命呜呼了。

"差不多先生"要死的时候，断断续续地说道："活人同死人也差……差……差……不多……凡事只要……差……差……不多……就……好了，何……何……必……太……太认真呢?"他说完这句格言，方才绝气。

他死后，大家都很称赞"差不多先生"样样事情都看得破、想得通，大家都说他一生不肯认真，不肯计较，真是一位有德行的人，于是大家给他取了个死后的法号——圆通大师。

后来，他的声名越传越远，越久越大。无数人都以他为榜样，于是人人都成了“差不多先生”——然而，中国从此就成了一个懒人国了。

胡适先生这篇《差不多先生传》再现了这样一个哲理，怀着“差不多”心理为人处世、说话办事，最后只能一事无成，含恨离世。

这绝不是危言耸听，“差不多”心理在我们的生活中普遍存在。有的领导要求一位员工将手中的工作做细，换来的回答却是：“差不多就行了，何必那么认真呢?”从某种意义上说，“差不多”所反映出来的是做事不认真、不负责任、对自己要求不够严格的现象。

在工作中，你可能觉得自己做的和别人做的比起来差不多，以为那样就足够了，但你的上司、你的老板心中有数，你的顾客心中也有数。你一定会因为你的勤奋或懒惰赢得或失去晋升的机会，你也会因为你态度的好坏而赢得或失去客户。

“差不多”心理要不得！我们每个人、做每件事，都要努力避免陷入这个误区当中去，“差不多”会让人变得慵懒，会让精确的计算变得不准确，会让快完成的事情变成失败。从现在开始，拒绝“差不多”，让完美装点你的人生。

第十三章　灵活变通，把事办得圆满成功

灵活变通的做事方法会让尴尬的事情变得自然，会让离轨的事情走回正轨。这就是灵活变通的魅力，大家在运用灵活变通的做事方法时，要结合语言艺术，要言行合一，这样的效果更明显。

修炼1　找到好方法，比一味苦干更重要

做事时，方法很重要，找不对方法，只能乱弹琵琶，弹出来的乐曲必然不会好听到哪儿去。找对了方法，必然能达到事半功倍的效果。

做事时，听从别人的安排、一声不响地闷头做事是一种做法；事先考虑清楚，筹划明白，努力寻找最佳的路径也是一种做法。在前者，这些人可能勤劳勇敢，但是他们的付出，很少得到对等的回报，这时候，就应该重新考虑一下自己做事的方式了。

一个身体强壮的年轻人到伐木厂去应聘伐木工，老板看他身体壮实挺适合干这个，就让他留下来了。第二天这个人很早就起床，一天下来伐了20棵

树。老板夸奖他："你真行，你是我们这里一天伐木最多的人。"

第三天这个工人起得更早，但是一天下来伐了17棵树，不过老板说："17棵你也是最多的了。"第四天这个工人起得更早，结果到最后只伐了15棵树。

这个工人开始疑惑了，为什么我每天伐树的数量逐渐下降呢？

老板就问："你的斧头磨了吗？"这个工人这才恍然大悟，原来是斧子钝了的缘故。

做事要考虑方法，只按着老套路走，不去思考，只会越走越慢，越做越没有效率。美国统计学家戴明博士根据多年的数据分析证明，在所有的失败中，有94%并不是由于人们不想把工作做好，事实上，大多数人想把工作做好。真正让人失败的是做事的方法。

很多人对自己的现状并不甘心，也不缺少信心和毅力，他们之所以还是可有可无的小人物，主要是没有找到通往目标的捷径，把时间和体力，都用在了劳而无功的事情上。

这就像走路，明明有很多近路，可他偏偏不走，就是一心一意地绕圈子，累得半死不说，而且达不到目的。我们在刻苦的同时，必须选择最近的最佳的方法，这样才能事半功倍。通过走近路而节省时间去干其他的事，则将是更大的收益。

年轻人在自己独立生活之前，已经从师长那里得到了许多关于"不劳动不得食"的教育。这话没有错误，劳动创造了人类，在劳动中，我们创造价值并享受劳动的回馈。但是如果你把这句话扩展为"以辛苦换收益"、"多大付出就有多大回报"，那么就需要再往深层次里思考一下了。这种思维从纯理论角度或者还说得通，但在现实中却是有人打着高尔夫就把钱赚了，有人一天天累得腰酸背痛，却仅仅糊口而已。

光埋怨是没有意义的，为了不让自己也陷入这种怪圈，你最好现在就理顺辛苦与效率、辛苦与价值的关系，力求自己的劳动能换来最大的效益。

19世纪，意大利经济学者帕列托提出了著名的“二八法则”，对于付出与回报的关系，“二八法则”这么说，你所完成的工作里，80%的成果来自你所付出的20%的努力。换言之，我们五分之四的努力——也就是付出的大部分努力，几乎是白白浪费的。这一点一定使你大吃一惊！

为了使你的辛苦都收到实效，我们迫切需要一种更为合理的工作方法。

生活中，销售经理经常对受挫的推销员说：“再多跑几家客户！”父母对拼命读书的孩子常说：“再努力一些！”但是这些建议都是有问题的。就像有人曾经问一位高尔夫球高手：“我是不是要多做练习？”高尔夫球高手却回答道：“不，如果你不先把挥杆要领掌握好，再多的练习也没用。”

正确的方法比执着的态度更重要。我们应该调整思维，尽可能用简便的方式达成目标。无论如何，用钥匙开门都比把它砸开简单，我们的目标，就是尽快找到那把钥匙。

修炼2 没有做不成的事，只有不想办法的人

做事讲方法，既包括目标和方向的规划，也需要我们对现实生活中的具体事件，能“逢山开路，遇水架桥”，根据实际情况，迅速拿出自己的对策来。

我们评价某个人会做事，多是称赞他具有把握重点的眼力和随机应变的灵活性。事情怎么做，本来没有一定之规，只要他能想办法把事情做成、做好，这就是成功。

北宋有一个边防将领叫种世衡，他曾驻守在延州的清涧城。他下车伊始，发现这里防守力量薄弱，粮草也十分缺乏。种世衡于是拿出官府的钱，贷款给商人用。商人们都争相到清涧城来做生意，而且他们出入时也从不会受到盘查。没用多久，粮仓和官方的供给就都充足起来，边防实力大增。

为了培养边境居民的尚武精神，他还想办法引导边民学习射箭。他用银子做成箭靶，谁射中了银箭靶就把这个箭靶送给他。后来射中的越来越多，银做的箭靶轻重依然不变，只是靶心却变厚变小了，这样人们的射技大为提高。当有人为了争取徭役的好差事而发生争执和打斗的时候，种世衡就让他们通过射箭比赛来决定，射中靶子的就可以优先分得较好的差事。谁一旦有了过失，也让他射箭，能射中的就会被免除刑罚将他释放。由于采取了以上这些措施，清涧城中的军士和百姓，人人都擅长射箭，从此清涧城兵强民富，远远超过延州其他各城。

有些事，看起来千头万绪，无从入手。而事实上，在每件事情中起决定性作用的还是人，摸透了人心，掌握了人性，事情就好办多了。

这个世界上不存在困难，只存在暂时还没想到的方法，然而方法终究是会想出来的。当你面临任何一个棘手的问题时，应该想："是不是还有另外一条事半功倍的道路可以试一试呢？那样或许会获得成功。"

办法总比问题多，做事时，把事情当成任务完成的人远比不上把解决问题当成任务的人有效率。解决问题能让人产生心理上的优势感，以后在解决问题的时候会更卖力、头脑更灵活，解决问题的能力会越强。

修炼3 该放手时需放手，重新定位重开始

一个人要想在学习或事业上有所成就，一定要有适应环境变化以及适应新环境的能力，否则，对于新生事物觉察不到，只是一味地坚持，最终会逐渐被环境所淘汰。

在动物的世界里，狮子、老虎等猛兽总是独来独往的，它们自主选择生活的区域和捕猎的路线；羚羊、角马等食草动物，往往是成群结队地行动，一旦离了群，就茫然不知所措，它们只知拼命地向前奔跑，完全顾不上这条路是不是一个通途。

很多年轻人也有点儿那些食草动物的心理，不管他们首先踏入的是哪一条道，都是埋头苦干，不计后果地坚持下去。即使面对的是一堆鸡肋，明知已剔不出什么肉来，依然觉得扔了可惜。反复掂量之中，浪费了无数的时间精力。其实，任何一件事情的成功，除了坚持，更需要一种敏锐的判断力，对客观环境和自身的条件都应该有明确的认识。

有一位企业家，别人问他成功的秘诀是什么。他毫不犹豫地说：“第一是坚持，第二是坚持，第三还是坚持。”听的人心里暗笑，没想到那位企业家意犹未尽，最后又加了一句：“第四是放弃。”

作为一个成功的企业家怎么可以轻言放弃？企业家说：“如果你确实努力再努力了，还不成功的话，那就不是你努力不够的原因，恐怕是努力方向与你的才能是否匹配的问题了。这时候最明智的选择就是赶快放弃，及时调整，及时掉头，寻找新的方向，千万不要在一棵树上吊死。”

企业家说，有一次殿试时，乾隆皇帝给举子们出了一个上联“烟锁池塘柳”，要求举子们对下联。一个举子想了一下就直接回答说“对不上来”，而其他的举子还在冥思苦想，乾隆皇帝听了直接点那个回答说对不上的举子为状元。因为这个上联的五个字以“金木水火土”五行为偏旁，几乎可以说是绝对。那个说“对不上”的考生思维非常敏捷，很快就看出了其中的难度，他不愿意把时间浪费在几乎不可能的事情上，便大胆地放弃了。乾隆皇帝不仅看出了他的聪明还看到了他的自知之明，他因此而得到状元。

对于那些在“坚持就是胜利”的教育中长大的人来说，现在很有调整一下思维方式的必要。你没必要坚持“人定胜天”，而无休止地与客观规律较劲儿。知人者智，自知者为明，找到自己适合的方向，远胜于一条道跑到天黑。

奥托·瓦拉赫是诺贝尔化学奖的获得者，他的成才经历充满了传奇色彩。在他开始读中学时，父母为他选择的是一条文学道路，不料一个学期下来，老师对他定下了这样的评语：“瓦拉赫很用功，但过分拘谨，这样的人即使有着完美的品德，也绝不可能在文学上发挥出来。”此时父母只好遵从老师的意思，让他改学油画。可瓦拉赫既不善于构图，也不会润色，对艺术的理解力很差，成绩在班上是倒数第一，学校的评语更是令人难以接受：“你是绘画方面的不可造之才。”

面对如此笨拙的学生，绝大多数的老师认为他已成才无望，只有化学老师对他做事一丝不苟的态度赞赏有加，认为他具备做好化学试验应有的品格，建议他去学化学。父母接受了化学老师的意见。这下子，瓦拉赫智慧的火花在瞬间被点燃了。绘画方面的“不可造之才”一下子变成了公认的化学方面“前程远大的高材生”。在同学中，他一直遥遥领先。

瓦拉赫的成功说明了这样一个道理：人的智能发展是不平衡的，有强势

和弱点。人一旦找到了自己智能的最佳点，使智能潜力得到充分的发挥，便可以取得惊人的成绩。这一现象人们称之为“瓦拉赫效应”。

但遗憾的是，生活中我们往往没看到真正适合自己的点，即使它已经来到了我们身边，却仍然视而不见，反倒是跟随别人的脚步，追随着那些不适合自己的生活方式。生活中，你是不是也削尖了脑袋要往“热门专业”里钻？你是不是看到别人薪水高就忘记了自己的长项与兴趣？这时候，首要的问题不是还要不要坚持下去，而是重新做出适合自己的选择。

世界上有半数人从事着与自己的天性格格不入的职业，因此失败的例子数不胜数。在职业生涯的选择方面，要扬长避短。西德尼·史密斯说：“不管你擅长什么，都要顺其自然；永远不要丢开自己的优势和才能。”

只有当一个人选择了适合他的工作，找到了适合自己的位置时，才有可能获得成功。就像火车头一样，它只有在铁轨上，才是强大的，一旦脱离轨道，它就寸步难行。

不过，你就算给自己定位了，如果定位不切实际，也不会取得成功。生活中，很多二十几岁的年轻人对自己的长处认识得还不够充分。例如，善于待人接物的人并不认为他们的特长与别人有什么区别；口才出众的人也不一定会想到这可是自己身上的一个长处，有些时候，正是因为我们在生活中会不假思考地运用自己的特长，反而更容易忽视它们，不知道它们对自己有多么重要。这种人的失败，在于没有找准自己的位置，丢了自己的长处，而用了自己的短处。

很多人往往一时很难弄清楚自己的优势所在，这就需要你在实践中善于发现自己、认识自己，不断地了解自己能干什么，不能干什么，如此才能取己所长、避己所短，进而取得成功。

事物总是不断发展变化的，如果一味地坚持自己的执着，不注意发现新情况，就免不了会吃大亏。所以我们必须面对现实，对于无法实现的人生理想，该放手的时候一定要放手，要学会适时地转弯，放弃无谓的执着。

修炼4 有主见，自己的灵魂自己做主

有主见，才能为自己的心灵做主，不会让别人成为自己生活的主宰，而是把命运掌握在自己手里。不因别人的评议而对自己心生怀疑，更不能改变真实的自我。

生活在当今比较浮躁的社会里，尤其是即将踏入成功的大门时，那一步如何才能迈下去，总是使我们难以抉择、备受困扰。这时候，许多人往往习惯向别人求救，希望别人能够给自己提供一些参考意见。

作抉择时，听取别人的意见是有必要的，但是如果我们不能静下心去独自思考，不能明辨是非，就会给人留下平庸无能、随波逐流，甚至是阿谀奉承的坏印象，也会因此迷失真正的自我而困顿。

一个农夫与儿子共同赶着一头驴到附近的市场去做买卖，没走多远，父子俩就看见几个路人对他们指指点点，其中一个人大声喊道："你们见过像他们这样的傻瓜吗？有驴子不骑，宁愿自己走路。"听到这话，农夫心想也是，便立刻让儿子骑上了驴，自己则在后面跟着走。

走了一会儿，他们又遇见一群老人，只听他们哀叹道："你们看见了吗？现在的老人可真是可怜。看那个孩子自己只顾骑着驴，却让年老的父亲在地上走路。"农夫听到这话，就连忙让儿子下来，自己又骑上去。

走了一半的路程时，父子俩又遇上一群孩子，几个孩子七嘴八舌地乱喊乱叫着："嘿，你们瞧那个狠心的爹，他怎么能自己骑着驴，让自己的孩子跟着在后面走呢？"农夫听罢，又立刻叫儿子上来，与他一同骑在驴背上。

快到市场时，又听到有人说："哟，这驴多惨啊，竟然驮着两个人，真怀疑这是不是他们自己的驴。"另一个人插嘴说："哦，谁能想到他们这么骑驴啊，瞧驴都累得气喘吁吁了，这样的驴哪有人肯买啊。"

听罢这话，农夫对儿子说："怎么骑驴都是错，依我看，不如咱们两个驮着驴子走。"于是，他和儿子急忙从驴上跳下来，用绳子捆上驴的腿，找了一根棍子将这头驴抬起来，卖力地向前赶路。

当父子俩使出了浑身的劲儿将这头驴抬过闹市入口的小桥上时，又引起了桥头上一群人的哄笑。当时驴子受了惊吓，挣脱了捆绑，撒腿就跑，不想却失足落入河中，淹死了。农夫最终空手而归，他既懊恼又羞愧。

在生活中，要处理一件事情，张三说应该这么做，李四说应该那么做，隔壁的王大妈、看门的李大爷也都出来搅和，这时候如果你不能静下心来仔细思考，会很容易思想混乱、六神无主，否定自己本来已经成熟的想法，改变自己的行为，如此离成功只会越来越远。

因此，面对关乎个人发展的抉择时，我们最需要的是静下心来，应该问问自己："我是怎么想的"、"我这样做对吗？"真正坚定和关注自己内心的想法，不盲目地听从别人的意见，不能像"墙头草"一般摇来摆去。

综观那些有所成就的人，不论是做人还是做事，他们在作各种抉择的时候，都会静下心来独立思考，并坚持自己的立场与观点，而不被别人的意见左右。比如，活跃在交响乐舞台上的、善于指挥交响乐的世界著名音乐指挥家小泽征尔就是这样一个人。

一次，小泽征尔去欧洲参加一次世界级的指挥家大赛，决赛中，他被安排在最后一个参赛，评判委员会交给他一张指挥乐队演奏的乐谱。当他拿到评委交给他的乐谱之后，稍做准备就全神贯注地指挥起来。

突然，小泽征尔发现乐曲中出现了一点不和谐，他以为是乐队演奏错了，就停下来重新指挥演奏。但还是不行，“是不是乐谱错了？”小泽征尔问评委们。在场的评委们都郑重声明乐谱没问题，而是小泽征尔的错觉。小泽征尔又仔细看了看乐谱，坚信自己的判断是正确的。听从评委们的意见，按照错误的乐谱演奏下去吗？小泽征尔考虑再三，他大吼一声：“不，一定是乐谱错了！”

话音刚落，评委们立即报以热烈的掌声。原来，这是评委们精心设计的“圈套”。前面的选手们虽然也发现了乐谱的错误，但在遭到评委们的否定后就不再坚持自己的意见，只有小泽征尔坚信自己，最终小泽征尔摘取了这次比赛的桂冠。

不因他人的评议而对自己心生怀疑，不因他人的评议而改变真实的自我，这是一种坚持主见的个性。“不，一定是乐谱错了！”小泽征尔的主见令人震撼，又怎能不像磁铁一般紧紧地吸引着别人的目光和心灵呢？

卓越者总是曲高和寡，平庸者往往附和大众。坚持主见的过程，就像凤凰必须在烈焰中诞生一样，要经历残酷的身心考验。做人有主见难，能够坚持主见更是难上加难，这就更需要我们在开始时静下心来，确定内心真正追求的东西。

生活在这个纷繁复杂的红尘世界，人随时随地都会面临选择。如果想要做到不人云亦云、不随波逐流，不跟在别人的屁股后面走，你就必须静下心来，认真地想想自己内心的追求，学会自己作决定、自己对自己负责。

有主见的人忠于自己、相信自己，不会随波逐流、人云亦云，他们会为自己的心灵做主，做自己心灵的主人。你想为自己的心灵做主吗？把自己培养成一个有主见、并且敢于坚持主见的人吧。

修炼5 不要戴有色眼镜，勿自设障碍

做事灵活，就要求我们不能戴着有色眼镜看问题，为人处世，要往远处看，不能因为一时一地的是非恩怨而堵了自己以后的路。

在日常人际交往的过程中，我们不免会遇到些许摩擦与不快，每当这个时候，我们面对问题的态度，往往体现了一个人的心胸与肚量：心胸狭窄的人选择斤斤计较，因而“失众友”；心胸宽阔的人，选择用宽容包容过去，因而“聚众朋”。一个人要开创自己的事业，求同存异无疑是必须采取的策略之一。因此，我们应该团结一切不利于自己的因素或敌对力量，为我们的最终目标服务。

英国首相丘吉尔曾有一段名言：“没有永久的敌人，也没有永久的朋友，有的只是永久的利益。”他一生都在奉行着这句话，在用人上也是如此。丘吉尔作为保守党的一名议员，历来非常敌视工党的政策纲领，但他执政时却重用了工党领袖艾德礼，自由党也有一批人士进入了内阁。更值得称道的是，他在保守党内部，对前首相张伯伦也没有以个人恩怨去处理他们之间的关系。他不计前嫌，很好地团结了他们，显示了他的胸怀和高明的用人之术。

张伯伦在担任英首相期间曾再三阻碍丘吉尔进入内阁，他们政见非常不合，特别是在对外政策上存在很大的分歧。后来张伯伦在对政府的信任投票中惨败，社会舆论赞成丘吉尔领导政府。

出人意料的是，丘吉尔在组建政府过程中，坚持让张伯伦担任下院领袖

兼枢密院院长。他认识到保守党在下院占绝大多数席位，张伯伦是他们的领袖，在自己对他们进行了多年的批评和严厉的谴责之后，取张伯伦而代之，会令他们许多人感到不愉快的，接受丘吉尔做首相，是他们的痛苦。为了国家的最高利益，丘吉尔决定留用张伯伦，以赢得这些人的支持。

后来的事实证明，丘吉尔的决策非常英明。当张伯伦意识到自己的绥靖政策给国家带来巨大灾难时，他并没有利用自己在保守党的领袖地位刁难丘吉尔，而是以反法西斯的大局为重，竭尽全力做好自己分内之事，对丘吉尔起到了极大的配合作用。

当人与人之间争端纷起时，难免要侵犯到彼此的利益，而能与自己的敌人携手是站在主动地位的人，能站在主动地位的人不受制于人，你采取主动，不只打动对方，甚至会让他误认为你们已“化敌为友”。可是，是敌是友，只有你心里才明白，但你的主动，却使对方处于“接招”、“应战”的被动的态势，如果对方不能也“接受”你，那么他将得到一个“没有器量”之类的评语，一经比较，两人的分量立即有轻重，所以当众拥抱你的敌人，除了可以在某种程度上降低对方对你的敌意之外，也可避免你对对方的敌意。

人是群居的动物，跟周围的人做朋友，大家携手共进，你的好口碑才会逐渐树立起来。这样成功的阻力减少了，增加的都是前进的润滑剂。把自己融入现实之中并没有想象中那么困难，即使你一向厌恶的人，只要有心，慢慢地也会建立起一种亲密的关系。

请记住一句话：敌意是一点一点增加的，也可以一点一点削弱。人们对于自己还没有了解的东西，总有一种天然的抗拒感。比如有人声称自己讨厌爵士乐，但是多听几次爵士乐之后，又可能会逐渐接受它并且喜欢上它。人们对于接触次数多的事物，都会或多或少地产生亲切感，“讨厌”有时候只是自己的主观感觉。

觉得讨厌的人，和他交往一段时日后，可能就会发现他的一些优点，从而改变了当初的印象。我们要在社会中生存，你不喜欢很多人，拒绝和他们亲近，他们同样也就没有喜欢你的理由，这会使我们的处境非常艰难，走到哪里都是一片荆棘。所以我们要尽量与人亲善，消除他们在我们心中的坏印象。

修炼6 对危险和麻烦要有灵敏的嗅觉

一个人心眼再多、算计再深也有马失前蹄的时候，一般人到此时往往坐叹大势已去而不知如何挽回，真正的聪明人，却懂得防患于未然，让自己的路走得更平稳一些。

在一些小说和影视剧里，有一种固定的套路，若是某人无端遭遇了横祸，办案人员首先要调查他的人际关系。若此人性格谦恭，与人为善，基本上就排除了挟仇报复的可能性，如果他一贯争强好胜，言行不谨，就很容易招来嫉妒和仇怨。

孔子有句话，叫做“危邦不入，乱邦不居。天下有道则见，无道则隐。”就是说不进入存在危险的国家；不居住在动乱的国家。天下太平就出来做官；天下不太平就隐居不出。这是一个人保全自己的方法，是一切大原则的根本。

对于当代的年轻人，“乱邦”、“危邦”并不存在，但在我们的生活中，依然常有险地，必须要学会识别。孔子的“不出”与“不入”，是预先警惕，从根本上斩断与危机的联系。而在现实中，危险并不会划定疆界，立着招牌，这就随时考验着人们察识吉凶的能力。

一旦我们看出事情不对路，就要先做好全身而退的准备，暗暗地把风波化于无形之中，过后依然风平浪静，就像没这回事儿一样，那才是高明的手段。

汉朝有个谋士叫陈平，有一天，他穿了一套新衣服，腰上佩着一把宝剑，来到渡口，找到一个船夫替他撑船过河。船夫看他穿着新衣，以为他腰包里装了不少金银财宝，便想等船到河中央时，谋财害命。陈平坐在船尾，看船夫不住飘过来不怀好意的眼光，知道他心中有邪念，便故意叫着说："哎呀！好热哟！要不要我来帮你撑一会儿船？"说着，还当着船夫的面，把身上的衣服一件件脱下来放在船板上。船夫看他脱下衣服时，并没钱币落地的声音，知道他身上没有财宝，便打消抢劫的坏主意了。

如果我们要保持自己正常平稳的生活节奏，千万要注意不可陷进各种是非当中去。生活中各式各样的人都有，有的人天生就喜欢挑起是非和争端。想去影响一个人、改变一个人不容易，但是避开他们则是简单可行的。省去一些不必要的麻烦，我们才有更多的时间和精力去做自己喜欢的事。尤其是你刚到一个新的环境时，一切都是陌生的，多观察、多思考、少探听、少说话是尽快适应新环境的最明智之举。

修炼7　看问题要全面，想办法要周全

很多看似很简单的事情，做起来却很麻烦。做事时，我们不要片面地去做事，而应该全面地去分析事情，想到每一种可能性，才能把事做得更周全。

一只小猪正在河里洗澡，它问自己的妈妈："我常听人说到'聪明'这个词，怎样才算'聪明'？"妈妈说："聪明很简单，我给你出一个问题，你猜一猜：两只小猪在烂泥塘里打滚玩耍，回到家后，是爱干净的小猪先去洗

澡，还是不爱干净的小猪先去洗澡?”

“这个太简单了，当然是爱干净的小猪先去洗!”小猪说。

妈妈只是笑了一下说：“可是爱干净的小猪也不是天天要洗澡。”小猪以为自己答错了，连忙说：“是不爱干净的小猪先去洗，因为它身上太脏了!”妈妈仍然摇摇头说：“不爱干净的小猪也许习惯脏着身子，不去洗。”

“那就是两只小猪都去洗澡!”小猪说，看了看妈妈的脸色，知道自己又错了，连忙说：“是两只小猪都没去洗。”妈妈说：“都不对，但都有可能，如果你能一次说出四个答案，这就是聪明。”

一个看似简单的问题，却藏着思维陷阱，小猪的四个答案都是错的，但加在一起却是正确的。很多问题并没有标准答案，很多事都需要多重判断，想到每一种可能，才是周全的回答。这种周全的思维方式，同样是一种“拆得开”。

我们都听过《盲人摸象》的故事，几个盲人去摸一头大象，他们的手触摸到什么，就以为那是大象的样子，于是得出了很多荒谬的结论。现实生活中，我们也根据现象的一角，做出错误的推论，却不知现实比我们的想象大得多，复杂得多。如果我们不能多看看，多想想，就不能触摸事物的全貌，更不能找到最准确的应对办法。

同理，在我们的心里，也经常存在这种“一叶障目”的死角。我们常常固执己见，被某个观念蒙蔽，听不进别人的劝告，看不到更多的状况，这就造成了我们为人处世的偏颇。更严重的时候，我们变成了一个心灵上的盲人，以致常常做错事，常常后悔。

世界上多数事情也是如此，过程虽然重要，但结果却是人们最看重的。想要达到一个好的结果，就要讲究方法，这个方法就是思考周全，妥善筹划。成功不是一句口号，也不是下定决心排除万难就能办到，或者说，方法不对，需要排除万难，方法对了，也许只有“百难”，那么我们为何不在一开始的时候多想想，躲开那些“难”？

想办法也不是容易的事，一来要有丰富的经验，二来我们的思维常有误区，生活中也常出现我们注意不到的死角。这种能力需要在实践中不断提高，不必那么急迫。不论何时，尽量让自己的思考周全一些、缜密一些，你会发现一旦看得全面，事情就不再复杂，苦难也能够迎刃而解。好的结果，自然也就是你的囊中之物。

修炼8　为他人考虑问题，较真不如双赢

较真的人短距离看是获得了利益，但是眼光放长后会发现，失去的将会更多。

一座大山上有两座寺院，两座寺院都有自己的经济来源。因为地势的缘故，南山的僧人只能种甘薯，北山的僧人只能种果树。两座寺院的住持互相看不顺眼，经常发生争吵，他们禁止门下弟子和对方的弟子来往。到了秋天，南山的僧人每天吃甘薯，很想尝尝北山的果子，而北山的弟子守着一堆一堆的果子，只能吃化缘来的少量干粮。

一位云游僧人恰巧路过此地，听说了这件事。他找到两位住持说：“老衲云游四方，常看闹市之中人们为蝇头之利斤斤计较，一点是非大动干戈。怎么佛门清净之所，也会有俗人妄念、区区心胸？”两位住持大为惭愧，重归于好。从此，南山寺和北山寺互为表里，和睦相处。

南山的甘薯、北山的果树，本该互通有无，友好互助，却因为两位住持的不和经常发生争吵。寸步不让的结果并不是解气，反而让自己吃亏。在生

活中，我们也不难发现这种情况，矛盾双方僵持不下，谁也不肯退步，最后谁也得不到好处。这还不是最惨的，最惨的是鹬蚌相争，渔翁得利，双方僵持到筋疲力尽，被旁观者占了便宜。

有些人喜欢较真，对自己的利益寸步不让，但是较真的结果虽“真”，却再也容不下其他的东西。比如，一个人如果个性太过清高，对朋友要求太多，朋友一点错误他都指责个没完，最后他会失去所有朋友。一个人对环境如果处处挑剔，最后只能把自己隔绝在环境之外。

较真解决不了矛盾，还容易得不偿失，不如学着妥协。妥协并不意味放弃自己的原则，而是对现实的一种接受，既然情况不允许，为什么一定要两败俱伤？做人应该务实一点，思考解决问题的办法，而不是让问题越想越乱。妥协的实质是什么？是一种利益交换，就像过独木桥的时候，倘若两个人都站在桥中心，硬过肯定有危险，不如用自己的一步，换取他人的一步，两个人都能顺利地到达对岸。

文艺复兴时期，达·芬奇、米开朗基罗、拉·斐尔被称为“美术三杰”。其中，米开朗基罗最擅长雕塑和壁画，很多教堂都慕名请他雕塑圣像。

一次，米开朗基罗为一所大教堂雕刻一座天使像，几个爱好美术的贵族青年主动来帮忙。雕像完成后，大家啧啧称赞。这时，教堂的主教来了，他绕着雕像走了几圈，对米开朗基罗说：“你不觉得雕像的头发不够细致？”米开朗基罗说：“阁下果然慧眼如炬，是我疏忽，我立刻去改。”说着爬上脚手架，开始细致地雕刻天使的头发，然后下来问主教：“您看现在可以吗？”主教说：“妙极了！”

等到主教离开，几个青年围住米开朗基罗说：“这些教士最爱不懂装懂，您为什么不坚持自己的艺术？”米开朗基罗说：“我并没有更改自己的作品，只是做做雕刻的样子。”青年们会意，哈哈大笑。

米开朗基罗是个懂得妥协的人，表面上，他给足了官员面子，实际上，他并没有修改自己的作品。有时候妥协并不意味着牺牲，因为对方需要的，也许正是你不需要的东西。通过让步来铺平道路，既能确保目标的实现，也并不会损害你的利益，甚至会为你赢得更多的机会。

现代社会讲求双赢，这是人们通过激烈竞争领悟出的最佳经验。少一点血气方刚，多一点宽容大度，能够共存的时候，就不必拼到你死我活。如果不肯做出任何妥协，他人自然不会来迁就你，只能跟你硬碰硬。倘若你碰到了鸡蛋，也许还有胜算；若是碰到巨大的石头，损失也许不仅仅是伤筋动骨。这样高成本低收入的事，聪明人尽量少做，最好不做。

妥协也是一种艺术，要知道一切矛盾的产生，都是事物发展的需要，人类社会的矛盾更是如此。考虑问题的时候，人们习惯为自己打算，这样做出的决策是对自己有利的，但往往与他人的利益相违背，于是矛盾自然产生。如果能在考虑问题时把目光放大、放远。用有利于双方的立场，照顾到双方的利益，这样得出的结论不但使自己受益，还容易被对手接受，是两全其美的办法。任何时候都要记得，能够为他人考虑的思维，最利于矛盾的解决。

修炼9　走捷径不是偷懒，认死理不叫坚定

转弯就是在事物的矛盾中抓住突破口，最主要的方法是打破常规思维。就拿送礼物来说，别人都送花，你送个雅致的小盆栽，这份别出心裁更能让收礼人喜欢。

高僧慧能带自己的弟子们来到一座悬崖下，对弟子们说：“我们研修佛法，不过是为了领悟智慧，现在让我看看你们的悟性吧。在你们中谁能第一

个到达山顶?”

慧能说完，弟子们都看向那悬崖。只见绝壁之上只有几根藤蔓、几株斜生的小树，还有一些杂草。他们硬着头皮开始攀岩，有些人没走几步就滑了下来，有些到了半山腰，再也没有力气。只有一个和尚爬了几下就放弃继续向上，转而绕到山后，找了一条小道走上山顶。最后，他是唯一一个到达山顶的人。

其他弟子说：“师父让我们攀上悬崖，你怎么能偷懒走捷径?”这个和尚说：“师父只说让我们到达山顶，并没有规定方法，你们的头脑不知变通，非要去摔得鼻青脸肿，怪得了谁?”慧能说：“善哉，变通就是智慧，这就是悟性。”

师父出了考题，有个弟子走了捷径被其他弟子指责为偷懒。但这条捷径正是师父心中的最佳答案。考题不重要，重要的是答案，就如同素质教育提倡书本不重要，最重要的是能力。在难题面前，有捷径不走不是勤奋，而是犯傻。变通一点，灵活一点，一切矛盾都会展现出与以往不同的一面，让你觉得它并不是攻不可破。

变通是一种思考方式，也是一种做事手段。有了困难就要想办法解决，老办法解决不了的矛盾，就用新办法。就像爱迪生发明灯泡，灯芯的材料要一次一次地试，铁丝不行就用铝丝试，铝丝不行就用钢丝试，总有一天会把最合适的钨丝试出来，这就是变通。如果爱迪生死脑筋，认准了铁丝，火烧不成用水煮，水煮不行用烟熏，盯着铁丝不肯放手，就算再勤奋，灯泡也亮不起来，这就是不知变通。

我们之所以害怕新办法，是因为对老一套方法有严重的心理依赖，就像用惯了拐杖的人，一旦离开旧拐杖就不会走路，不相信新拐杖比旧的更好。有时候要让自己想开一些，矛盾为什么解决不了，就是因为用错了方法，如果不把方法改掉，困难就会一直在。想要解决现实中的问题，先要解决精神上的守旧，学会变通。

一个年轻人进入杂志社工作，他遇到的第一个难题是约稿子。著名作家的稿子很难约，他只能硬着头皮一次次打电话，或者登门拜访。每一次他得到的都是“抱歉”、“下次有机会合作”等答复。

这一天，年轻人去拜访一个老诗人。老诗人显然是经常遇到这样的约稿者，脸上露出了不耐烦的神色。他匆匆与年轻人说了几句话，就露出了逐客的意思。

年轻人也对这次约稿不抱任何希望，他对那位诗人说：“虽然没有约到您的稿子，但能看到您，我很高兴。我从小就学习过您的诗歌，一直想要见见您。”说着，年轻人背诵了一首诗人年轻时写的诗。老诗人听了，大为感动，握着年轻人的手说：“我真没想到，这一代的年轻人还会真正喜欢我的诗歌。我这里有一些刚刚完成的作品，你看一看，喜欢的就拿回去吧！”年轻人没想到自己几句感叹，会出现这样的转折。

在困难面前，不但要能屈能伸，有耐心有决心，还要能弯能折。故事里的年轻人很幸运，他在刚刚工作的时候就遇到了一堂生动的人生课，让他知道在死胡同面前要懂得转弯的艺术。转弯就是转机，达到目的的方式不止一种，约稿不成可以谈谈作品，没准就能谈成，就算谈不成，也给人留下个好印象。

陆游有这样一句诗：“山重水复疑无路，柳暗花明又一村。”这句诗包含着人生的哲理：转换方向，绝路也可变成坦途。

面对矛盾，我们都要修炼出一种变通的心态：一定要打破僵化的思维，不要死钻牛角尖，寻找捷径并不是偷懒，“曲线救国”也不是耍心机，只要能够将矛盾解决的办法就是好办法。遇到困难的时候，一定要知道自己已身在死胡同，尽快换一条路，才是悟者的选择。

第十四章　谨守底线，把事办得合乎规矩

每个人都有自己的底线，你的底线是什么？做事时看清事情的底线，你会发现事情远没有想的那么困难，你也会成为朋友们当中的榜样。没有底线意识的人容易失去自我，容易被一些小诱惑迷住，做出伤害别人的事情。

修炼 1　按规矩办事，经得住风雨考验

做人最需要讲信义、信誉和信用，最应该讲诚实、敬业和勤勉。也就是说要在正途上“勤勤恳恳去努力”，事业才会长久。

有这样一个小故事。

一个外国人到海外旅行，回来时将一颗宝石藏在鞋里企图不纳税入境，结果被当地海关查出扣留。与外国人同行的犹太人看到这种情况时，奇怪地问道：“为何不依法纳税，堂堂正正地入境？”按照国际惯例，像宝石之类装饰品的输出费，一般最多不超过8%。如果照纳输出费，堂堂正正地进入国境，若想在国内再把宝石卖出时，只要设法提价8%就行了。因此，按规矩做

人实在是一个明智之举。

每一件事的运作都有自己的规则，办事人员也必须遵守规则。比如必要的手续，无论繁简，该办就必须去办；比如签订的合同，无论难易，当履行的一定要履行；比如商人做生意时，政府的法令法规无论如何都要遵守。照规矩来，是使事情正常进行下去的必要保证。没有规矩，无论办什么事都会乱套。

做人要中规中矩，照规矩办事，至少有以下两个方面的意义：

第一，能建立信誉。

良好信誉的建立，与办事者能够坚持规矩办事有着极为密切的关系。只有规规矩矩地按照大家都知道的，也是大家都应遵守的规矩办事，才能使人信服，也才能建立起信誉。不顾章法，不按规矩办事的人，是没有人会相信他的。

第二，能保障安全。

这个安全，主要是指利益上有所保障。比如犯法的事不做，做了就是没按规矩来，这样说不定会给自己带来祸害；又比如再要好的朋友，在生意上有合同该签该订的一定要签要订，该怎样签怎样订，就要照规矩去办。因为只有按规矩签订的具有法律效用的合同，才能对合作双方产生约束力，才能有效地保护双方的利益。

规矩渗透了我们社会生活的各个方面，如果你以为这些条文契约限制了我们的发展空间，那是还没有深刻理解规矩的意义。一个守规矩的人，是一个值得信赖的人，这种无形的资本将成为你成功的基石。

君子之道，就是不违背良心，不破坏规则的正道。在一定程度上我们可以这样认为，商道实际上也就是人道。一个跟头跌进钱眼里，心中只有钱而没有做人的基本原则，为了钱不惜坑蒙拐骗，伤天害理，便是奸商，奸商与奸诈无耻等值。即使他们可以获得一时之利，也像一座不按图纸搭建的大厦，经不起风雨的考验。

飞来的横财不是财，带来的横祸恰是祸，许多在商场、官场摸爬打滚过来的人，对按规矩做人的经验都是大有心得的。以下的原则，我们必须要严守：

第一，绝不违背政府的律令和明文规定；

第二，绝不贪图于会损害别人利益的便宜，绝不为了自己发展而去敲碎别人的饭碗；

第三，绝不能够因赚钱去做任何对不起朋友的事情；

第四，绝不背信弃义，靠坑蒙拐骗等一些旁门左道获得好处。

修炼2 想走远路，不能为小诱惑失足

人人都在以不同的方式追求成功。但绝不能靠投机取巧求名利，不能靠掺杂使假骗钱财，不能靠连跑带送谋官位，而必须靠高尚的品行立身做人。

马登在《伟大的励志书》中写："每个人的一生，都应该有一些比他的成就更伟大，比他的财富更耀眼，比他的才华更高贵，比他的名声更持久的东西。"这个东西就是高尚的品格，达到此境界便是做人的成功，而且是人生真正的最大的成功。

"在真相肯定无人知晓的情况下，一个人的所作所为，能显示他的品格。"你必须懂得：不要随意放纵自己，不要轻易向各种诱惑低头，坚持自己的方向与计划，管理好自己的人生。否则，你很可能因为贪图眼前的"一点点安逸享受"而损失掉生命中真正的财富。

某大公司准备以高薪雇用一名小车司机，经过层层筛选和考试之后，只剩下三名技术最优秀的竞争者。主考者问他们：“悬崖边有块金子，你们开着车去拿，觉得能距离悬崖多近而又不至于掉落呢?”

“二公尺。”第一位说。

“半公尺。”第二位很有把握地说。

“我会尽量远离悬崖，愈远愈好。”第三位说。

结果这家公司录取了第三位。这就说明我们不要向诱惑低头，而应离它越远越好。

有品格的人生，是高贵向上的；丢弃了品格的人生，是卑微低下的。只有勇于坚持自己原则的、有品格的人才不会在迷茫或是困境中迷失自己的方向。而一旦丢弃了品格，那就等于丢弃了一切，即使这个人有着万贯家产，也将得不到他人的认同与尊重，更不可能实现自己对幸福和成功的愿望。

任何人都应该懂得：品格是一生中最重要的资本。无论你出身如何，都无关宏旨，你必须要有做人之道。每个年轻人都希望获得事业上的成功。总结许多杰出人士走过的道路，你会看到，他们遭受失败的原因可能千差万别，成功的经历却大多一致：那就是他们在年少时便养成了达到巨大成功的美德，为日后的纵横四海打下了坚实的基础。

大成功的确靠的是人品，连人都做不好的人，是什么事也做不成的。亚洲首富李嘉诚曾戏言自己不是“做生意的料”，因为他觉得自己不会骗人，不符合中国人“无商不奸”的标准，令人感叹的是偏偏是他做成了全亚洲独一无二的大生意。有做人品格，这是比金钱、权势更有价值的东西，也是一个人成功最可靠的资本。今天各行各业的显赫人士，同时也以“诚”、“信”闻名，这其中的奥妙是不言自明的。诚信让更多的人放心与你合作，也带来了更多的机会。

修炼3 忠诚是信任的底线

忠诚是信任的底线，不要去碰触这个底线，如果为了获得一己私利背叛了忠诚，你换来的将会是无穷无尽的不信任与后悔也挽回不了的社会关系。

在现代社会林林总总的游戏规则中，愈来愈聪明的现代人，常常在不经意中忽视一条最根本的规则——忠诚原则。他们或是锱珠必较，目光短浅；或是见利忘义，因小失大；或是戴着面具，游戏人生……演出了一幕幕违背良心、令人抱憾的悲剧。

其实，忠诚在社会文化中的定义，是灵魂性的。一位老板就曾不无遗憾地坦言："现在有些员工似乎更乐于把企业当做是一个福利机构，或是自己另谋高就之前的跳板、垫脚石。他们没有责任感，谈不上与企业荣辱与共，更谈不上忠诚。"

一个儿童在成长过程中，免不了说几次谎，父母就会惊恐失色，严斥有加。如果说，一个幼稚儿童的撒谎，上帝尚会原谅的话，那么到了成年仍在撒谎，那就成了害人的人格瑕疵，周围人会弃之不齿。东方文化更把忠诚誉为美德，视其为最有价值的人格标准。

在办公室，不管"假面舞会"是否流行，做一个真正的聪明人，就应该卸下面具，亮出你的脸，让上司认识你是海水还是火焰。

忠诚常常有以下雷区，需要你小心走过。

最低级的背弃忠诚的游戏，往往从贪小开始。任何一家正规、资深的公司，再严密的制度，总会有漏洞。如果你是一个人品很好的人，切不可贪小越货。趁人不备时悄悄挂个私人长途，或趁上司不在意时，悄悄塞上一张因私打的票，让其签字报销；上班时，明明迟到，卡上却填上因公外出；更有甚者，当客户来访时，给你悄悄带来一份礼物，以答谢你在业务往来中曾经给过他的帮助，而这一帮助，恰恰是以牺牲本公司的利益为代价的。细雨无声，倘若让这种"酸雨"淋了你的心，你就会慢慢地被蚀化。今天的贪小就是明天的贪婪。老板绝对厌恶贪小的人。他会把它看作是品质问题，积累这种印象就会失去对你的信任。

做生意说到底是在赌博利益。忠诚原则的第二个雷区，是你的利益为谁而搏？这需要时时警惕，切不可掉以轻心，更不能见利忘义。不要忘记你的打工角色，你需要为公司争取利益，而不是你自己。只有公司"发达"了，你才会跟着"发达"，万万不可越位。有时，公司与你个人在利益上也会发生冲突，这时你千万不能把公司利益置之度外，使自己浑沌一时。

商界有过一个经典例子。有家公司因一家对手公司业务的红火而焚心，但想不出制服对手的良策。终于，对策有了！他们想方设法寻找关系，接近对手公司的一名仓库主管，让其暗中出卖商业机密。这个主管在利益的驱使下，利令智昏，把自己公司的库存数量、货品结构、价格策略一一泄露。几经交手，商界风向大变，原先生意红火的公司，节节败退，最后元气大伤而倒闭。一个不忠诚的蛀虫，就这样将一个公司搞垮了。而反败为胜的这家公司也再没有向这位主管伸出邀请之手。

这种隐性的不忠诚，可以说是办公室的定时炸弹。一个有职业道德的人，心里要有一条准则：可为与不可为。需要坚守的信条是：绝不选择良心的堕落。

诚信是一种最简单的处世智慧，心怀坦荡，才能使我们自重、自信，充分发挥自己的创造力。如果一旦违背了类似于以下的一些忠诚原则，很快就要吞咽自酿的苦果了：

1. 有了一句谎言之后，你需要用好几条谎言来维护它，因顾此失彼而穿帮的可能随时存在。

2. 当你做了不齿于人的事儿之后，即使不被人觉察，自己的内心也不会安定，做什么事都放不开手脚。

3. 一旦与同盟者闹翻之后，他就是握住你把柄的人，从此你就会生活在阴影之中。

4. 一次的不小心会带来终身的恶果，以后你再付出多大的努力，都难以洗刷别人眼中的这个污点。

5. 如果你在背叛中获益，同样不是好事，这会使你越陷越深，最后失去恢复正常生活的勇气。

修炼 4　真诚待人，不做虚伪的背后小人

> 小人永远没什么准谱，他总是围绕个人的一己之私在不断地调整和变化，所以你不要奢望小人能讲道义。

人的虚伪确实很难改变。如果你想成为一个成功的人、一个具有良好人际关系的人，就应该克服这种缺陷，尽量设身处地地为别人着想。你对别人虚伪，别人心里肯定不痛快，就像别人对你态度恶劣，你自己也会愤愤不平一样。去掉虚伪，从我做起，你以诚待人，他人肯定也以诚待你，这本身就是一个互动的关系。

那么，如何努力克服虚伪这样的缺陷呢？

1.少接触那些虚伪的环境。通常情况下，凡是名利场，虚伪的概率就要大

得多，一个人除非迫不得已，则应尽量减少去官场、社交场、舞场之类的地方，因为这些地方正属于那些缺少虚伪就无法立足的地方。少去这些场合，便少一份虚伪的必要。

2.少一些自私自利。人之虚伪，跟人的“有利可图”有很大关系。所以在人际交往中，尽量少一些自私，多一些无私，这样你就可以在一定程度上减少虚伪。

3.阳奉阴违比拒不服从更为可怕，因为拒不服从是建立在对自己的能力和事情的基本情况有所怀疑的情况下，至少可以说我们在“顽固地坚持原则”。倘若上司暂时没有时间听你解释，他至少可以派其他人马上去周转，不会延误时局。但阳奉阴违则意味着让你的上司对局势失去控制。

说老实话，办老实事，做到言行一致，表里如一。在生活中要严格要求自己，谦虚谨慎，不骄不躁，以平常心处事，不与他人攀比。

刘玲大学毕业后，进入武汉一家电子公司，以前刘玲听说职场形形色色的人都有，所以相处起来，格外小心。刘玲每天早早到公司，将同事们的桌椅清理整齐，特别是市场部王强的桌椅，因时常加班，他的办公桌上堆满书本，而且乱七八糟的，而刘玲每一次都将其清理干净。

公司员工每半个月都要大聚一次，刘玲甘愿担当同事们的勤务员，而王强则表示愿意教她业务。此后，王强一有业务，就带着刘玲一起去。

有一次，刘玲试着帮王强做一份策划方案，结果她将其中一个数据弄错了，此方案被客户否决了。王强大发脾气，刘玲没有气馁，向王强道歉后，更加用功起来。不久后，王强反省自己，并觉得刘玲真的不错。

天有不测风云，人有旦夕福祸，没过多久，王强得了急性肠胃炎。他是外地人，没有亲人在身边，该病来得急，需要动手术，刘玲从家里煲好汤给王强送去，并照顾他的饮食起居。

除此之外，王强的业务也都由刘玲帮助处理，公司同事对刘玲的言行看在眼里，都十分欣赏她。试用期过后，刘玲面临转正，老总问公司员工对刘玲的看法时，大家一致认同她。

在生活中要做一个真诚的人不容易，因为它来不得半点虚假和功利，需要实实在在地付出、奉献。真诚待人，克己为人的人，也许偶尔会被欺诈，但他们才会真正时时受人欢迎。面对一个处处为他人着想，绝不为个人利益放弃诚实的人，人人都会真诚接纳他，愿意和他交往。所以，我们要学会体谅他人的心情，并且要做一个真诚的人。

我们经常会看到这样一种现象：两个在办公室里嘻嘻哈哈的人，看上去似乎很熟络、亲密，实际上，他们背后可能也会互相批评；而两个交流并不多的同事间，其实心中对对方丝毫没有反感，甚至是彼此欣赏的。

在职场，人际交往成了工作之外最重要的话题，人与人之间是否该以诚相待，这是很多职场人困惑的问题。

同事关系好，本是好事，但是同事交往最好不要伪装真诚。每个人都是不能选择同事的，所以，你不能对同事有过高的期望值，大家在一起工作，差不多就行了，因此，何必伪装真诚呢？伪装的永远是假的，假的真不了，所以，与其费心思装模作样，不如保持适当的距离，能让你跟同事的关系看起来更美。在这里给你介绍一些正确的交往原则：

1.真诚：真诚不是写在脸上的，而是发自内心的，伪装出来的真诚有时候比真正的欺骗更令人心寒。

2.喜欢：别人喜欢我们往往是建立在我们喜欢他们，并且承认他们价值的前提下的，因此，学会发自内心地喜欢别人，是真诚交往的前提。

3.自由：努力创造一种自由的气氛，让别人在一个平等、自由的气氛中与我们进行交往，不要为了好人缘刻意怎样、违心怎样。

4.付出：我们在人际交往中总是在交换着某些东西，或者是物质，或者是情感，或者是其他。但在其中，应该注意的是要不怕吃亏，不要急于获得回报和害怕付出太多。

5.维护：维护别人的自尊心，说白了就是给人家面子，但这并不意味着在同事交往中要处处迎合别人、没有原则。

修炼5 不要不该要的，不干不该干的

> 要了不该要的东西，有时我们用一辈子的时光也还不清欠下的人情债；我们要了不该要的东西，我们付出的代价可能是自己，甚至是生命。

孟子曾说过，不要我所不要的东西，不干我所不干的事；求我必求，为我必为；当取则取，当舍则舍，如些而已。不该要的东西坚决不要。小到公司办公室的纸张、信封，我们不能顺手牵羊；大到价值昂贵的金银财宝，我们不能占为己有。如果要了，欲壑难填，终有一天我们会一头栽进万劫不复的深渊。

有这样一个寓言故事：东海里，海蟮和海龟是冤家对头，它们俩一直在明争暗斗，都渴望能获得更高的位置和更大的权力。但是海龟比海蟮走运，它被提拔了，而海蟮却什么也没得到。怎么才能搞掉海龟，使海龟身败名裂呢？海蟮冥思苦想，终于想出了一条计策。

于是，海蟮去拜见海龟，诚恳地说："海龟大哥，过去我有对不起你的地方，是我错了，你一定要原谅我呀！"

海龟见海蟮登门认错，心内得意，摆出宽宏大量的样子说："没什么，过去的事情别提了，咱们团结一致向前看。"

海蟮隔三岔五经常到海龟府上走动，每次都带些小礼品，不轻不重，海龟渐渐地也就习以为常了。有一天，海蟮对海龟说：“现在海虾和海蟹在争一片珊瑚礁为自己的居住地，海虾跟我关系一向不错，你看能不能帮海虾说句话？”

这件事海龟是知道的，不是什么大事，就替海蟮办了。之后，海蟮拿了更多的礼品来感谢。长此以往，海蟮要海龟办的事越来越多，当然礼品也越来越重，不知不觉中，超过原则的尺度也越来越大。

终于有一次，海蟮让海龟做一件很危险的事，并许诺事成之后必有重谢。海龟不干，于是海蟮取出一个小本，上面记着海龟每次受贿的时间，事由等，各种人证俱全，这些足以毁掉海龟的前程，不得已海龟答应再帮这一次忙，但是下不为例。

没有下一次了，很快海龟东窗事发，将在狱中度过自己的余生。

不要自己不要的东西，不干自己不干的事，说说容易，真正做起来其实很难。比如，现在有人送礼来，要还是不要，就可能十分地伤神费心。这里，不但有关系自己切身利益的取舍，同时还有人情面子、人际关系的考虑。说到底，我们都是凡人，是凡人就难以超凡入圣。

一句话，当取则取，当舍则舍。只要来得正，黄金美玉不嫌重；来路不正，一瓢一饮也不轻。因此，不要不该要的东西，不是胆小怕事，不愚蠢不开化，而是一种智慧，因为它们能为你换来平安、快乐与幸福。